"创新设计思维"
数字媒体与艺术设计类
新形态丛书

Illustrator CC

平面设计基础教程 移|动|学|习|版

互联网＋数字艺术教育研究院 策划

张小芳 杨霞 鲁莉卓 主编　**张凤仪 李慧琴 陈一凡** 副主编

U0390170

人民邮电出版社

北 京

图书在版编目（CIP）数据

Illustrator CC平面设计基础教程：移动学习版 / 张小芳，杨霞，鲁莉卓主编. -- 北京：人民邮电出版社，2023.4（2024.5重印）
（"创新设计思维"数字媒体与艺术设计类新形态丛书）
ISBN 978-7-115-61160-4

Ⅰ. ①I⋯ Ⅱ. ①张⋯ ②杨⋯ ③鲁⋯ Ⅲ. ①平面设计－图形软件－高等学校－教材 Ⅳ. ①TP391.412

中国国家版本馆CIP数据核字(2023)第023281号

内 容 提 要

　　Illustrator 是用户量大且深受用户和企业青睐的矢量绘图软件，在商标设计、插画设计、海报设计、画册设计、VI 设计、包装设计、UI 设计等领域被广泛应用。本书以 Illustrator CC 2022 为蓝本，讲解 Illustrator 在平面设计中的基础应用。全书共 10 章，内容包括 Illustrator CC 入门、图形的绘制与编辑、复杂图形的绘制、对象的管理、色彩运用、文本运用、符号与图表应用、图形常见效果运用、图形特殊效果运用及综合案例。本书设计了"疑难解答""技能提升""提示"等小栏目，并且附有操作视频及效果展示等。

　　本书不仅可作为高等院校平面设计专业的课程教材，而且可作为相关行业设计人员的学习和参考用书。

◆ 主　　编　张小芳　杨　霞　鲁莉卓
　　副 主 编　张凤仪　李慧琴　陈一凡
　　责任编辑　李媛媛
　　责任印制　王　郁　陈　犇

◆ 人民邮电出版社出版发行　　北京市丰台区成寿寺路 11 号
　　邮编　100164　　电子邮件　315@ptpress.com.cn
　　网址　https://www.ptpress.com.cn
　　天津千鹤文化传播有限公司印刷

◆ 开本：787×1092　1/16
　　印张：14　　　　　　　　　　2023 年 4 月第 1 版
　　字数：353 千字　　　　　　　2024 年 5 月天津第 4 次印刷

定价：59.80 元

读者服务热线：(010)81055256　印装质量热线：(010)81055316
反盗版热线：(010)81055315
广告经营许可证：京东市监广登字 20170147 号

前言 PREFACE

随着平面设计应用领域的不断拓宽，市场上对平面设计人才的需求量也大大增加。因此，很多院校都开办了与平面设计相关的课程，但目前市场上很多教材的教学结构已不能满足当前的教学需求。鉴于此，我们认真总结了教材编写经验，用2~3年的时间深入调研各类院校对教材的需求，组织了一批具有丰富教学经验和实践经验的优秀作者编写了本书，以帮助各类院校快速培养优秀的平面设计人才。

 本书特色

本书以设计案例带动知识点的方式进行讲解，全面阐述了Illustrator平面设计的相关操作。其特色可以归纳为以下5点。

- 精选Illustrator基础知识，轻松迈入Illustrator图形绘制门槛。本书先介绍了Illustrator的应用领域、矢量图与位图的区别，再介绍了Illustrator的工作界面、文件和视图的基本操作等，让读者对Illustrator有初步的了解。

- 课堂案例+软件功能介绍，快速掌握Illustrator进阶操作。基础知识讲解完成后，以课堂案例对知识进行运用。课堂案例充分考虑了案例的商业性和知识点的实用性，注意培养读者的学习兴趣，提升读者对知识点的理解与应用。课堂案例讲解完成后，再提炼讲解Illustrator的重要知识点，包括工具、命令等的使用方法，从而让读者进一步掌握使用Illustrator进行平面设计的相关操作。

- 课堂实训+课后练习，巩固并强化Illustrator操作技能。正文讲解完成后，通过课堂实训和课后练习进一步巩固并提升读者对Illustrator的操作能力。其中，课堂实训提供了完整的实训背景、实训思路，帮助读者梳理和分析实训操作，通过操作提示给出关键步骤，让读者进行同步训练；课后练习则是进一步训练读者的独立完成能力。

- 设计思维+技能提升+素养培养，培养高素质专业型人才。在设计思维方面，本书不管是课堂案例还是课堂实训，都融入了设计需求和思路，并且通过"设计素养"小栏目体现设计标准、设计理念和设计思维。另外，本书还通过"技能提升"小栏目，帮助读者拓展设计思维、提升设计能力。本书案例精心设计，涉及传统文化、创新思维、爱国情怀、艺术创作、文化自信、工匠精神、环保节能和职业素养等方面，引发读者思考和共鸣，培养读者的能力与素养。

- 真实商业案例设计，提升综合应用与专业技能。本书最后一章通过讲解DM单设计、海报设计、包装设计、UI设计等领域的商业案例制作方法，提升读者综合运用Illustrator知识的能力。

教学建议

本书的参考学时为60学时，其中讲授环节为26学时，实训环节为34学时。各章的参考学时可参见下表。

章序	课程内容	学时分配	
		讲授	实训
第1章	Illustrator CC入门	2	2
第2章	图形的绘制与编辑	3	4
第3章	复杂图形的绘制	3	3
第4章	对象的管理	3	3
第5章	色彩运用	3	4
第6章	文本运用	3	3
第7章	符号与图表应用	2	4
第8章	图形常见效果运用	3	4
第9章	图形特殊效果运用	3	4
第10章	综合案例	1	3
学时总计		26	34

配套资源

本书提供立体化教学资源，教师可登录人邮教育社区（www.ryjiaoyu.com），在本书页面中进行下载。本书的配套资源主要包括以下6类。

 ➕ ➕ ➕ ➕ ➕

视频资源　　素材与效果文件　　拓展案例　　模拟试题库　　PPT和教案　　拓展资源

● 视频资源　在讲解与Photoshop相关的操作以及展示案例效果时均配套了相应的视频，读者可扫描相应的二维码进行在线学习，也可以扫描下图二维码关注"人邮云课"公众号，输入校验码"61160"，将本书视频"加入"手机上的移动学习平台，利用碎片时间轻松学。

● 素材与效果文件　提供书中案例涉及的素材与效果文件。

● 拓展案例　提供拓展案例（本书最后一页）涉及的素材与效果文件，便于读者进行练习和自我提升。

"人邮云课"
公众号

● 模拟试题库　提供丰富的与Photoshop相关的试题，读者可自由组合生成不同的试卷进行测试。

● PPT和教案　提供PPT和教案，辅助教师开展教学工作。

● 拓展资源　提供图片素材、设计笔刷等资源。

编者
2023 年 3 月

目录 CONTENTS

第 3 章　复杂图形的绘制

第4章 对象的管理

第5章 色彩运用

第 **6** 章　文本运用

第 **7** 章　符号与图表应用

第 8 章　图形常见效果运用

第 9 章　图形特殊效果运用

第10章 综合案例

第 **1** 章

Illustrator CC入门

　　由于矢量图可以被无限放大或缩小而不影响图的清晰度，且文件小，适合高分辨率印刷，因此在插画、Logo、图标、文字效果、版式和界面等设计作品中被广泛使用。对于设计人员来说，掌握一款矢量图制作软件的使用方法必不可少，而Illustrator是一款具有代表性的矢量图制作软件。本章将以Illustrator CC 2022为蓝本，介绍Illustrator的应用领域、矢量图与位图的区别、Illustrator的工作界面、Illustrator文件的基本操作和Illustrator视图的基本操作等基础知识，为后面进行平面设计做好准备。

▌□ 学习目标

　　◎ 熟悉Illustrator的应用领域和工作界面
　　◎ 掌握Illustrator文件和视图的基本操作方法

▌◇ 素养目标

　　◎ 培养对Illustrator的学习兴趣
　　◎ 深入理解Illustrator在平面设计中的重要性

▌◈ 案例展示

合成夏季果汁促销海报　　　　　　　　合成春夏新风尚 Banner

初识Illustrator

很多用户刚开始接触Illustrator时不知道能用它来做什么，下面从Illustrator的应用领域、矢量图与位图的区别、Illustrator的工作界面等方面对Illustrator进行初步探索。

1.1.1 Illustrator 的应用领域

Adobe Illustrator（简称AI）是由Adobe公司开发的一款工业标准矢量绘图软件，被广泛应用于各行各业的矢量绘图设计领域。

● **商标设计**：商标是指生产者、经营者为了区别自己与他人的商品或服务，而使用在商品及其包装上或服务标记上的，由文字、字母、数字、图形和颜色组合所构成的一种可视性标志。在Illustrator中绘制标志，用户可以任意设置其形状、大小、颜色等外观参数，放大或缩小都能保证标志的清晰度。图1-1所示为以鹿为元素的商标设计案例。

● **插画设计**：Illustrator绘图功能强大、色彩丰富，不但能模拟出纸上的绘画效果，还能制作出真实画笔所无法实现的特殊效果。图1-2所示为某景点的国潮风节气插画设计案例。

图1-1 商标设计

图1-2 插画设计

● **海报设计**：海报是一种信息传递艺术，也是一种大众化的宣传工具。它通过图形、色彩和构图等的运用产生强烈的视觉效果，达到企业宣传的目的。Illustrator在海报设计方面的运用非常广泛，如制作促销海报、宣传海报和公益海报等。图1-3所示为虎年春节创意系列虎虎生威海报设计案例。

● **画册设计**：Illustrator的文字工具和路径文字工具提供了优秀的图文混排功能，用户可以通过流畅的线条、和谐的图片，以及优美的文字组合，设计出既富有创意，又具有可读性、可赏性的精美画册，全方位展示企业或个人的风貌与理念，达到宣传推广产品、塑造品牌形象的目的。图1-4所示为古典风格的旅游古镇画册设计案例。

图1-3　海报设计

图1-4　画册设计

- VI设计：VI（Visual Identity）设计也称为"企业视觉识别系统设计"，它是一种明确企业理念、形象和企业文化的整体设计。它通过对企业产品包装、企业标志、企业内部环境等的一致性设计，赋予企业良好的形象，提高企业在市场中的识别度。图1-5所示为茶饮品牌的VI设计案例。
- 包装设计：包装设计是指选用合适的包装材料，针对产品本身的特性及受众的喜好等相关因素，运用巧妙的工艺制作手段，为产品进行的容器结构造型和包装的美化装饰设计。包装设计包含产品容器、产品内外包装、产品吊牌和标签等设计，以及运输包装设计与礼品包装设计等。Illustrator在图案绘制、文字特效、色彩搭配和画面布局等方面的表现都十分出色，能快速、高效地完成包装设计。图1-6所示为饮料包装设计案例。

图1-5　VI设计

图1-6　包装设计

- UI设计：UI（User Interface）设计也称为"界面设计"，它是指对软件的人机交互、操作逻辑和界面美观的整体设计，如App界面设计和网站界面设计等。随着IT行业的发展、移动设备等的逐渐普及，企业和用户对网站和产品的交互设计越加重视，UI设计在交互设计中的应用也越来越广泛。Illustrator中的绘图、上色、矢量效果和对齐等功能可以很好地完成界面元素的设计和排版，因此Illustrator非常适合UI设计。图1-7所示为手机App的登录界面设计案例；图1-8所示为某家具品牌的网站首页设计案例。

图 1-7　手机 App 的登录界面设计　　　　　　　　　图 1-8　网站首页设计

1.1.2　矢量图与位图的区别

矢量图又称为向量图，它是指由点组成的直线或曲线构成的图形。构成这些图形元素的点和线可称为对象。每个对象都是一个单独的个体，它具有大小、方向、轮廓、颜色和屏幕位置等属性。矢量图的优点是被放大到任何程度都能保持清晰，特别适用于商标设计和插画设计，如图1-9所示。

通过相机、手机等设备拍摄的图像称为位图，也叫点阵图像，它是由单个像素点组成的。位图的单位面积内像素（Pixel，简称px）越多，分辨率就越高，图像效果就越好。位图可以逼真地显示物体的光影和色彩，但缺点是被放大到一定程度后，图像会模糊不清，如图1-10所示。

图 1-9　矢量图放大效果　　　　　　　　　　　图 1-10　位图放大效果

🔔 提示

分辨率是指单位长度内包含的像素点数量。单位长度内包含的像素点数量越多，分辨率就越高，图像就越清晰，图像所需的存储空间也就越大。

1.1.3 Illustrator 的工作界面

只要打开或新建Illustrator文件，都会进入Illustrator的工作界面，因此熟悉工作界面布局、掌握工作界面各个组成部分的作用是使用Illustrator设计作品的基础。Illustrator的工作界面主要由菜单栏、控制栏、标题栏、工具箱、画板、面板堆栈和状态栏等组成，如图1-11所示。

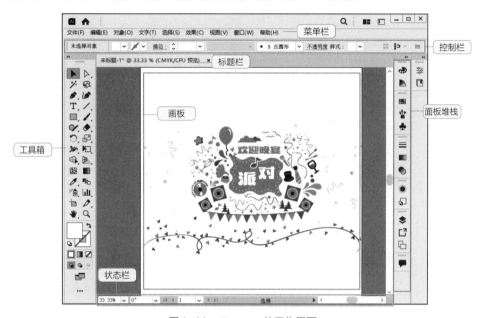

图1-11 Illustrator 的工作界面

- 菜单栏：菜单栏中包含了文件、编辑、对象、文字、选择、效果、视图、窗口和帮助9个主菜单。选择某一个菜单选项，在弹出的子菜单中选择一个命令，即可执行该命令。

🔔 提示

在子菜单中，某些命令右侧显示有对应的快捷键，用户可按快捷键来执行相应命令，而不必在子菜单中选择所需命令。如按【Ctrl+G】组合键，即可执行【对象】/【编组】命令。

- 控制栏：控制栏中会显示与编辑所选对象或所选工具的部分常用参数或选项等设置。如选择绘制的图形，则会显示图形的填充、描边、不透明度、位置、宽度和高度等设置。
- 标题栏：打开文件后，标题栏中会自动显示该文件的名称、格式和窗口缩放比例以及颜色模式等信息。当同时打开多个文件时，在名称标签上单击鼠标左键会切换到对应文件。
- 工具箱：工具箱中集合了绘图、上色、文字和对象编辑等多个工具。工具箱的默认位置在工作界面左侧，通过拖曳工具箱的顶部可以将其移动到工作界面的任意位置。若工具按钮右下角有一个黑色的小三角▪标记，表示该工具位于一个工具组中，并且其中还有一些隐藏的工具。在该工具按钮上按住鼠标左键不放或单击鼠标右键，可显示该工具组中隐藏的其他工具。图1-12所示为在"直线段工具"⁄上按住鼠标左键不放或单击鼠标右键弹出的工具组。
- 画板：画板是占工作界面最多的部分，也是使用Illustrator中的工具绘制矢量图的区域。
- 面板堆栈：Illustrator中提供了多种面板，主要用于配合编辑图稿、设置工具参数和选项等。这些面板可以自由打开、关闭、折叠或移动。通过"窗口"菜单可以打开所需的各种面板，按住鼠标左键不放并拖曳鼠标指针到面板顶部可移动面板位置，若拖曳到已有面板顶部可形成面板组。单击面板右上角的 ✖ 按钮，可以关闭面板；单击面板右上角的 ◀◀ 按钮，可以将面板折叠成图标显示；单击面板右上角的 ▶▶ 按钮，可以展开面板。为避免界面杂乱，我们可将所有面板图标拖曳到面板右侧的边缘线上，当出现蓝色线条时释放鼠标，将面板堆栈在边缘线右侧，此时面板右上角的 ✖ 按钮、◀◀ 按钮消失，出现 》 按钮，单击该按钮可将面板折叠成图标显示。图1-13所示为"色板"面板堆栈前后的效果。

图1-12　工具组

图1-13　面板堆栈

🔔 **提示**

有些工具并不会显示在工具箱中，用户在工具箱下方单击"编辑工具栏"按钮 ⋯，在打开的菜单中查看工具与工具分组信息，将鼠标指针移动到工具上，按住鼠标左键不放将其拖曳到工具箱上，即可在工具箱中显示该工具，单击鼠标左键便可使用该工具。

● 状态栏：状态栏位于画板底部，它显示了当前画板的显示比例（标题栏显示的缩放比例）、旋转视图角度、画板数量、切换画板按钮等信息。

🔔 **提示**

Illustrator针对用户所处的行业提供了几种常用的工作区，每一种工作区根据用户所处行业的不同包含了不同的面板，用户可根据需要进行选择。选择【窗口】/【工作区】命令，在弹出的子菜单中选择对应的工作区命令，可将当前工作区切换到预设的工作区状态。

1.2
Illustrator文件的基本操作

熟悉Illustrator的工作界面后，就可以使用Illustrator来进行文件的基本操作，如新建文件、打开文件、关闭文件、置入文件、导出文件和存储文件等。

1.2.1 新建文件

如果要在Illustrator中创作一幅作品，首先需要新建一个Illustrator文件。在Illustrator中选择【文件】/【新建】命令，打开图1-14所示的"新建文档"对话框。该对话框顶部放置了许多类型和用途的选项，如移动设备、Web、打印、胶片和视频、图稿和插图等，以及最近使用项和已保存，用户在对应选项上单击鼠标左键，可以在打开的选项中选择需要的规格尺寸，用于新建文件。若需要自定义文件的宽度、高度、出血和颜色模式等参数，用户就要在"新建文档"对话框右侧的"预设详细信息"栏中进行设置，设置完成后单击 创建 按钮，完成文件的新建。

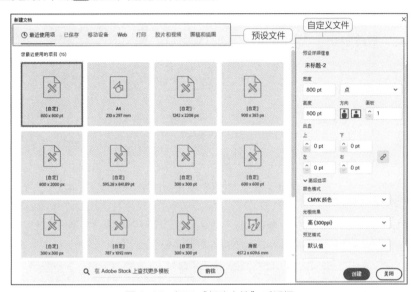

图1-14 打开"新建文档"对话框

1.2.2 打开与关闭文件

若计算机中安装有Illustrator，在计算机中扩展名为".ai"的Illustrator文件上双击鼠标左键，系统将启动Illustrator并打开该文件。若在Illustrator工作界面中打开文件，用户需要选择【文件】/【打开】命令或按【Ctrl+O】组合键，打开"打开"对话框，如图1-15所示。在其中选择要打开的文件并双击鼠标左键，或者先选择该文件再单击 打开 按钮即可将其打开。

打开文件后，选择【文件】/【退出】命令可关闭当前文件，或者在软件窗口右上角单击 ✖ 按钮可关闭Illustrator。当同时打开多个文件

图1-15 打开"打开"对话框

时，单击标题栏中名称标签右侧的 ✖ 按钮，可关闭名称对应的文件。

1.2.3 置入文件

使用Illustrator创作作品时,可添加一些图像作为素材,以提高创作效率。其具体操作方法为:选择【文件】/【置入】命令,打开"置入"对话框,选择要置入的图像文件,单击 置入 按钮,然后在画板中单击鼠标左键置入文件,置入后通过拖曳文件四周的控制点调整文件的大小,如图1-16所示。

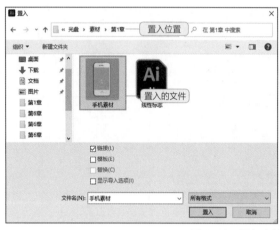

图1-16 置入文件

置入后的图像文件有链接和嵌入两种形式。

● 链接文件:在"置入"对话框中勾选"链接"复选框,将以链接的方式置入文件。置入后,文件的大小不会因为置入的文件而增加。当文件被重新编辑或存储位置发生改变时,Illustrator会自动提示更新。若源文件丢失,置入的文件可能无法正常显示。

● 嵌入文件:在"置入"对话框中取消"链接"复选框,将以嵌入的方式置入文件。置入后,文件若被重新编辑或存储位置发生改变,置入的文件不会受到影响,但会在一定程度上增加文件的大小。在控制栏中单击 嵌入 按钮,可将链接文件转换为嵌入文件。

🔔 提示

选择【窗口】/【链接】命令,打开"链接"面板,在该面板中可选择置入的文件,单击底部的按钮组可以管理置入的文件,如重新链接、转至链接或更新链接等。

1.2.4 导出文件

在Illustrator中完成作品的创作后,可将其导出为不同格式的文件,以便在其他软件中打开和使用。在Illustrator中导出文件的方式主要有以下3种。

● 导出为多种屏幕所用格式:导出为多种屏幕所用格式可以一步生成不同大小和文件格式的图像文件,以适应不同屏幕显示。选择【文件】/【导出】/【导出为多种屏幕所用格式】命令,打开"导出为多种屏幕所用格式"对话框,其中的"画板"选项卡可将整个画板导出到一个文件中;"资产"选项卡可导出文件中的部分元素。设置导出范围、导出路径和导出格式后,单击"添加缩放"

按钮添加缩放，可以设置不同缩放和文件格式，以适应不同屏幕显示，最后单击 导出画板 按钮完成导出
操作，如图1-17所示。

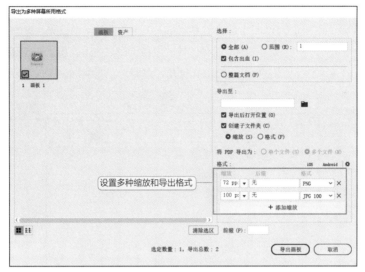

图1-17　导出为多种屏幕所用格式

- 导出为：导出为可以将文件导出为PNG、JPG和SWF等常见的文件格式。选择【文件】/【导出】/
  【导出为】命令，打开"导出"对话框，设置导出文件的名称、格式和路径后，单击 导出 按钮，
  在打开的对话框中单击 确定 按钮即可。
- 存储为Web所用格式：存储为Web所用格式可以优化文件在计算机网站或手机等移动设备屏幕上的
  显示效果。选择【文件】/【导出】/【存储为Web所用格式】命令，打开"存储为Web所用格式"
  对话框，单击"优化"选项卡，然后设置导出文件的格式、大小，以及颜色、仿色、透明度和杂边
  等参数，预览被优化后的文件，单击 存储 按钮，如图1-18所示。打开"将优化结果存储为"对话
  框，在其中设置名称和路径，最后单击 保存(S) 按钮。

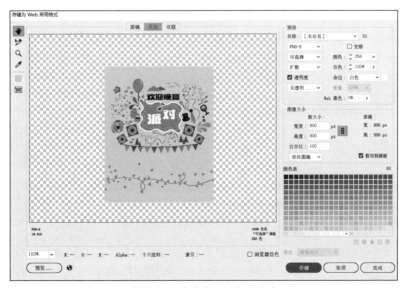

图1-18　存储为Web所用格式

1.2.5 存储文件

在作品的创作过程中，为避免停电、程序无响应等突发状况造成文件数据丢失，设计者应养成选择【文件】/【存储】命令或按【Ctrl+S】组合键存储正在编辑文件的习惯。如果是首次执行"存储"命令，将打开"存储为"对话框，设置文件的保存位置、名称和保存类型，单击 保存(S) 按钮完成存储，如图1-19所示。若选择【文件】/【存储为】命令，打开"存储为"对话框，此时可以设置新的保存位置或名称，对文件进行备份。

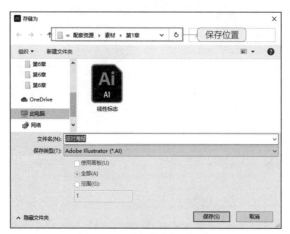

图1-19 "存储为"对话框

1.3
Illustrator视图的基本操作

在Illustrator中编辑文件时，经常需要调整视图以查看文件效果，这样就要使用到视图的基本操作，如选择视图模式、缩放视图、移动视图、旋转视图等。

1.3.1 选择视图模式

"视图"菜单中包括多种视图模式，用户可根据不同的需要选择不同的视图模式。下面对常见的视图模式进行介绍。

- 轮廓：该模式隐藏了矢量图的颜色信息，用线框轮廓来表现矢量图。切换到该模式后，选择【视图】/【在CPU上预览】命令即可还原彩色显示效果。图1-20所示为"在CPU上预览"模式和"轮廓"模式的对比效果。
- 在CPU上预览：该模式是Illustrator默认的模式，可以展示彩色显示图稿。
- CPU预览：该模式可以在屏幕分辨率的高度或宽度大于2000像素时，按轮廓查看图稿。需要注意的是，该模式只能在"轮廓"模式下使用。

● 叠印预览：该模式可以显示接近油墨混合的效果，并且将画板扩展到整个区域。

● 像素预览：该模式可以将绘制的矢量图转换为位图显示。

● 裁切视图：该模式可以剪除画板边缘以外的图稿，并隐藏画布上的所有非打印对象，如网格和参考线等。

图1-20　"在CPU上预览"模式和"轮廓"模式的对比效果

1.3.2　缩放视图

编辑图像时，除了可以在状态栏的"显示比例"数值框中输入文件的显示比例，还可以利用"缩放工具" 🔍 调整图像在画板上的显示比例。如需对图像的细节进行操作，就要放大显示图像的细节部分；待完成编辑后缩小显示比例，以便查看整体效果。选择"缩放工具" 🔍 ，将鼠标指针移动到画板中，此时鼠标指针会呈放大镜显示 🔍 ，在图像上任一位置单击鼠标左键，以单击点为中心，将当前图像的显示比例放大，如图1-21所示；按住【Alt】键不放，切换到缩小镜显示 🔍 ，单击鼠标左键可缩小图像显示比例，如图1-22所示。

图1-21　放大显示视图比例　　　　　　　　　图1-22　缩小显示视图比例

缩放视图时，还可以通过"视图"菜单实现以下两种常用的显示比例控制操作。

● 适合窗口大小显示图像：选择【视图】/【画板适合窗口大小】命令来显示图像，这时图像就会最大限度地显示在工作界面中并保持其完整性，如图1-23所示。

● 实际大小显示图像：选择【视图】/【实际大小】命令或按【Ctrl+1】组合键，可以将图像按100%

的效果显示，如图1-24所示。

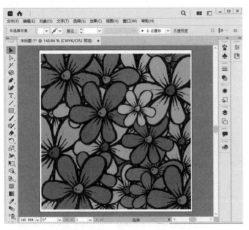

图1-23 适合窗口大小显示图像

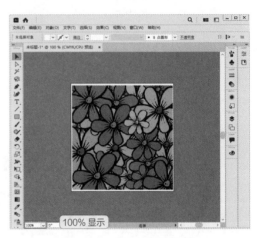

图1-24 实际大小显示图像

1.3.3 移动视图

当图像画面显示比例较大时，会出现图像显示不全的情况，用户可以使用"抓手工具" 🖑任意移动图像画面，从而查看窗口中未显示的图像区域。只需打开要查看的图像文件，在工具箱中选择"抓手工具" 🖑，将鼠标指针移动至图像上，此时鼠标指针变为 🖐 形状，按住鼠标左键不放并拖曳鼠标，即可查看未显示的图像区域。选择【窗口】/【导航器】命令，打开"导航器"面板，可在其中浏览整幅图像，在"显示比例"数值框中可输入图像的显示比例，红框内为画板中的显示区域；当图像画面显示比例较大时，选择"抓手工具" 🖑拖曳红框即可调整画板显示区域，如图1-25所示。

图1-25 移动视图

🔔 提示

创作作品时，按住【Ctrl】键不放并滚动鼠标滚轮，可以左右平移画面；按住【Shift】键不放并滚动鼠标滚轮，可以上下平移画面；按住【Alt】键不放并滚动鼠标滚轮，可以以当前鼠标指针所在位置为中心放大或缩小画面。

1.3.4　旋转视图

用户通过"旋转视图"功能可以从任意角度更改画布视图，从而更加方便地设计徽标、包装、页面布局、插图等作品。用户可以在状态栏的"旋转视图"数值框中设置旋转视图的角度，也可以单击并按住"抓手工具" ✋，然后在弹出的面板中选择"旋转视图工具" ⟲，当鼠标指针呈 ⟲ 图标显示时，按住鼠标左键并将其拖曳到一定角度，释放鼠标左键即可更改画布视图的方向，如图1-26所示。

图1-26　旋转视图

1.4
课堂实训

1.4.1　合成水杯主图

1. 实训背景

某淘宝店铺为促进水杯销售，需要更换主图。现要求根据提供的素材，快速合成一张主图效果，并导出为JPEG格式。

2. 实训思路

（1）确定主图规格。不同的电商平台对主图的尺寸要求有所不同，淘宝主图通常会以正方形的形式展现，并且要求控制在800px×800px之内。因此，本例将新建一个800px×800px的空白文件。

（2）添加素材。通过置入文件的方法将需要的图片素材置入新建的文件中，然后进行排版设计。本例先添加背景到文件中，再调整大小使其适合新建页面，如图1-27所示，然后采用左文右图的排版方式，将商品素材置入右侧，调整其大小和位置，如图1-28所示。

（3）添加卖点信息。打开卖点信息所在文件，复制卖点信息并粘贴到主图左侧和下方。

（4）导出文件。为方便修改，将文件保存为Illustrator文件；为方便网店使用，再将文件导出为JPEG格式。

本实训完成后的参考效果如图1-29所示。

图1-27　添加背景　　　　　图1-28　置入商品素材　　　　图1-29　参考效果

素材位置： 素材\第1章\水杯主图\

效果位置： 效果\第1章\水杯主图.ai、水杯主图.jpg

3. 步骤提示

视频教学：
合成水杯主图

STEP 01 启动Illustrator，选择【文件】/【新建】命令，打开"新建文档"对话框，在右侧的"预设详细信息"栏中设置名称为"水杯主图"、宽度和高度为"800px"，单击 创建 按钮新建文件。

STEP 02 选择【文件】/【置入】命令，打开"置入"对话框，选择"主图背景.jpg"素材，取消"链接"复选框，单击 置入 按钮，沿着画板大小拖曳鼠标指针置入背景，使背景覆盖画板。继续置入"水杯.png"图像素材，拖曳图像四角调整其大小，按住鼠标左键不放移动到主图右侧。

STEP 03 在"主图文案.ai"文件上双击鼠标左键将其打开，按【Ctrl+A】组合键全选，按【Ctrl+C】组合键复制，在"水杯主图.ai"标签上单击鼠标左键切换到"水杯主图"文件中，按【Ctrl+V】组合键粘贴。

STEP 04 调整文案位置，存储文件，然后选择【文件】/【导出】/【导出为】命令，打开"导出"对话框，设置导出文件的格式为"JPEG"，单击 导出 按钮，将文件导出为JPEG图片。关闭文件，完成本例的操作。

1.4.2 合成夏季果汁促销海报

1. 实训背景

某线下店铺为促进商品销售，需要在门口的展架上悬挂夏季果汁促销海报，以吸引顾客进店消费。现要求根据提供的素材合成海报，合理排版背景、商品和文案，制作一幅画面清新、引人注目的夏季果汁促销海报。

2. 实训思路

（1）版式设计。通过版式设计合理排版背景、商品和文案，突出画面的重心。本实训将文案作为重点展示内容，因此需要着重表现"文案"，这里考虑将文案放置在海报的中心，将商品和背景围绕文案排版，营造夏日促销氛围。

（2）背景合成。背景需要很多元素来合成，同时需要这些元素存在一定的联系，并自然地融合在一起。本实训置入的元素都与"夏日"有关，并且色彩搭配自然，如图1-30所示。

（3）文案搭配。文案是促销海报中重要的组成部分，既要烘托商品，又要展现促销信息。通过文本粗细、颜色、大小的组合和对比，文案排版既具有亲密感，又具有层次感，如图1-31所示。

（4）装饰设计。本实训中，文案在海报的焦点位置。为保证其视觉清晰和逻辑清晰，在文案底层添加了白色图形，以便与背景层相区分，使文案更引人注目。

本实训完成后的参考效果如图1-32所示。

图1-30　背景合成　　　　　图1-31　文案搭配　　　　　图1-32　参考效果

素材位置： 素材\第1章\夏季果汁促销海报\

效果位置： 效果\第1章\夏季果汁促销海报.ai、夏季果汁促销海报.jpg

3．步骤提示

STEP 01 启动Illustrator，选择【文件】/【新建】命令，打开"新建文档"对话框，在右侧的"预设详细信息"栏中设置名称为"夏季果汁促销海报"，然后设置宽度为"668px"、高度为"1000px"，单击 创建 按钮新建文件。

STEP 02 选择【文件】/【置入】命令，打开"置入"对话框，选择"夏季背景.jpg"素材，取消"链接"复选框，单击 置入 按钮，沿着画板大小拖曳鼠标指针置入背景，使背景覆盖画板。

视频教学：
合成夏季果汁
促销海报

STEP 03 置入剩余图像素材，拖曳图像四角调整其大小，然后调整其分布位置，将"果汁.png""沙滩椅.png"图像移动到"不规则背景.png"图像下方。选中"不规则背景.png"图像素材，在控制栏中设置其不透明度为"79%"。

STEP 04 打开"夏季促销文案.ai"文件，按【Ctrl+A】组合键全选，按【Ctrl+C】组合键复制，单击"夏季果汁促销海报.ai"名称切换到"夏季果汁促销海报"文件中，按【Ctrl+V】组合键粘贴，调整文案位置。

STEP 05 存储文件。选择【文件】/【导出】/【导出为】命令，打开"导出"对话框，设置导出文件的位置，然后设置其格式为"JPEG"，单击 导出 按钮，将文件导出为JPEG图片。关闭文件，完成本例的操作。

1.5
课后练习

练习 1 合成春夏新风尚 Banner

某网店首页需要合成春夏新风尚Banner，展示"春夏新风尚""全场低至3.5折"等信息，以刺激消费者的购买欲。现要求先新建尺寸为1920px×900px的文件，然后置入春装素材，接着置入春夏新风尚的文案素材，采用左文右图的排版方式，完成春夏新风尚Banner的合成，最后导出为JPEG格式。本练习完成后的参考效果如图1-33所示。

素材位置： 素材\第1章\春装.png、春夏新风尚.png

效果位置： 效果\第1章\春夏新风尚Banner.ai、春夏新风尚Banner.jpg

高清彩图

图1-33　春夏新风尚 Banner

练习 2 合成小暑节气海报

小暑是二十四节气中的第十一个节气。小暑节气即将来临，某公众号需要制作以小暑节气为主题的推文配图。现要合成一张小暑节气海报，要求尺寸为750px×1000px，使用荷花图片作为背景，并复制"小暑"相关文案到文件中。本练习完成后的参考效果如图1-34所示。

素材位置： 素材\第1章\小暑艺术字.ai、荷花.jpg

效果位置： 效果\第1章\小暑节气海报.ai

高清彩图

图1-34　小暑节气海报

第 **2** 章　图形的绘制与编辑

在平面设计中，用户经常需要用到一些基本图形，如线条、椭圆形、矩形、多边形、星形等。在Illustrator中，用户可以利用线性图形和基本图形的绘制工具快速绘制这些图形。此外，绘图过程中还会涉及图形的选择、移动、旋转等编辑操作，用户掌握这些操作可以使绘图更加得心应手。

▌□学习目标

　◎ 掌握线性图形和基本图形的绘制方法
　◎ 掌握图形的编辑方法

▌◇素养目标

　◎ 养成良好的绘图习惯，提升绘图效率
　◎ 深入理解图形在设计作品中的运用

▌◈案例展示

绘制水果店 Logo　　　　　绘制渔家餐饮标志　　　　绘制"夏至"剪纸风海报

2.1

绘制线性图形

在平面设计中,线性图形是由直线和弧线组成的。对直线或弧线进行编辑和变形可以得到折线、放射线或螺旋线等丰富且复杂的图形,如把直线进行横竖交叉组合可以得到网格。在Illustrator中,用户利用直线段工具、弧形工具、螺旋线工具和矩形网格工具等,可便捷地完成线性图形的绘制。

2.1.1 课堂案例——绘制水果店 Logo

案例说明:"爱橙果家"水果店铺为吸引消费者眼球、增加店铺销量,需要设计一款水果店Logo,要求尺寸为300pt×300pt。现以橙子为原型进行设计,并采用极坐标网格、椭圆等基本形状体现橙子的特征,参考效果如图2-1所示。

高清彩图

图2-1 水果店Logo

知识要点:绘制直线、弧线、极坐标图形。

素材位置:素材\第2章\爱橙果家.ai

效果位置:效果\第2章\水果店Logo.ai

设计素养

Logo 可分为文字 Logo、图案 Logo、图文组合 Logo 这 3 类。设计店铺 Logo 时需要体现店铺经营的内容、个性特征,以便区别于其他店铺 Logo。

其具体操作步骤如下。

STEP 01 新建尺寸为"300pt×300pt"、名称为"水果店Logo"的文件,双击"极坐标网格工具" ⊛,打开"极坐标网格工具选项"对话框,在"默认大小"栏中设置宽度、高度均为"60pt",在"同心圆分隔线"栏中设置数量为"0",在"径向分隔线"栏中设置数量为"8",勾选"填色网格"复选框,单击 确定 按钮,如图2-2所示。此时,可得到由8条射线和1个圆组成的极坐标网格图形。

STEP 02 在控制栏中单击"描边色"按钮 ■,设置描边色为"#FFFFFF"、粗细为"1pt"。

STEP 03 在工具箱底部双击"填充"按钮,如图2-3所示,在打开的"拾色器"对话框中设置填充色为"#EEAF55",单击 确定 按钮。

视频教学:
绘制水果店
Logo

图2-2 绘制极坐标网格图形

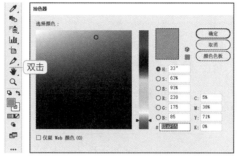

图2-3 设置填充色

STEP 04 在控制栏中设置"变量宽度配置文件"的样式为"⬬⬬⬬⬬⬬⬬",调整射线的外观,使其具有粗细变化,效果如图2-4所示。

STEP 05 选择"直线段工具"，在圆的上方位置单击并按住鼠标左键不放,拖曳鼠标指针到需要结束的位置,释放鼠标左键,绘制一条斜线。然后绘制一条斜线,设置两条斜线的描边色均为"#009944"、粗细分别为"5pt""10pt",效果如图2-5所示。

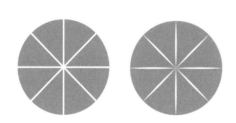

图2-4 调整射线的外观

图2-5 绘制斜线

STEP 06 选择"选择工具"，按住【Shift】键不放,依次单击选择两条斜线,在控制栏中设置"变量宽度配置文件"的样式为"⬬⬬⬬⬬",调整斜线的外观,使其呈现叶子效果,如图2-6所示。

STEP 07 选择"弧形工具"，单击并按住鼠标左键不放,按【Shift】键顺时针方向拖曳鼠标指针,在极坐标图形外侧绘制两条弧线,在控制栏中设置描边色为"#EEAF55"、粗细为"1pt"、"变量宽度配置文件"的样式为"⬬⬬⬬⬬⬬",调整弧线的外观,使其具有粗细变化,如图2-7所示。

图2-6 调整斜线为叶子效果

图2-7 绘制弧线

STEP 08 打开"爱橙果家.ai"文件，选择"选择工具" ▶ ，按住鼠标左键拖曳框选文字，按【Ctrl+C】组合键复制，切换到"水果店Logo.ai"文件，按【Ctrl+V】组合键粘贴，并拖曳到合适的位置，如图2-8所示。保存文件，完成本例的制作。

图2-8　添加文字

2.1.2 绘制直线

"直线段工具" ╱ 可以用来绘制不同长度、方向的直线。绘制直线的方法主要有以下两种。

- 拖曳鼠标指针绘制直线：选择"直线段工具" ╱ 后，在画板中需要绘制的起点位置单击并按住鼠标左键不放，拖曳鼠标指针到需要结束的位置，释放鼠标左键，绘制出一条斜线，如图2-9所示。绘制时，按住【Shift】键不放，可绘制出水平、垂直或45°角及45°角倍数的直线；按住【Alt】键不放，可绘制出以鼠标指针单击点为中心向两边延伸的直线；按住【～】键不放，可自动绘制出多条直线，如图2-10所示。

- 精确绘制直线：选择"直线段工具" ╱ ，在画板上单击鼠标左键或在"直线段工具" ╱ 上双击鼠标左键，打开图2-11所示的"直线段工具选项"对话框。其中，"长度"数值框可以用来设置线段的长度，"角度"数值框可以用来设置线段的倾斜度，勾选"线段填色"复选框可以以当前填充色填充由直线组成的图形。设置完成后，单击 确定 按钮，即可根据设置绘制出精确的直线。

图2-9　绘制直线　　　　　图2-10　绘制多条直线　　　图2-11　"直线段工具选项"对话框

2.1.3 绘制弧线

"弧形工具" ╱ 可以用来绘制不同长度、方向、弧度的弧线。绘制弧线的方法主要有以下两种。

- 拖曳鼠标指针绘制弧线：选择"弧形工具" ╱ 后，在画板中需要绘制的起点位置单击并按住鼠标左键不放，拖曳鼠标指针到需要结束的位置，释放鼠标左键，绘制出一条弧线，如图2-12所示。绘制时，按住【Shift】键不放，可绘制出在水平和垂直方向上长度相等的弧线；按住【～】键不放，可自动绘制出多条弧线。

● 精确绘制弧线：选择"弧形工具" ，在画板上单击鼠标左键或在"弧形工具" 上双击鼠标左键，打开"弧线段工具选项"对话框，设置X轴（水平方向）长度、Y轴（垂直方向）长度、类型、基线轴和斜率，勾选"弧线填色"复选框可以当前填充色填充由弧线组成的图形， 单击 图标中的控制点设置弧线位置，最后单击 确定 按钮，可以得到精确绘制的弧线，如图2-13所示。

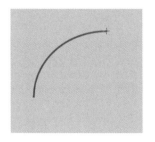

图2-12 绘制弧线 　　　　　　　　　　图2-13 精确绘制弧线

2.1.4 绘制螺旋线

"螺旋线工具" 可以用来绘制不同圈数、方向的螺旋线。绘制螺旋线的方法主要有以下两种。

● 拖曳鼠标指针绘制螺旋线：选择"螺旋线工具" 后，在画板中需要绘制的起点位置单击并按住鼠标左键不放，拖曳鼠标指针到需要结束的位置，释放鼠标左键，绘制出一条螺旋线，如图2-14所示。绘制时，按住【Shift】键不放，绘制的螺旋线转动的角度将是强制角度（默认设置是 45°）的整倍数；按住【～】键不放，可自动绘制出多条螺旋线。

● 精确绘制螺旋线：选择"螺旋线工具" ，在画板上单击鼠标左键或在"螺旋线工具" 上双击鼠标左键，打开"螺旋线"对话框，设置螺旋线的半径、衰减（螺旋线的每一螺旋相对于上一螺旋应减少的量）、段数、样式， 单击 确定 按钮，可以得到精确绘制的螺旋线，如图2-15所示。

图2-14 绘制螺旋线 　　　　　　　　　　图2-15 精确绘制螺旋线

2.1.5 绘制矩形网格

"矩形网格工具" 可以用来绘制不同行列的矩形网格。绘制矩形网格的方法主要有以下两种。

● 拖曳鼠标指针绘制矩形网格：选择"矩形网格工具" 后，在画板中需要绘制的起点位置单击并按住鼠标左键不放，拖曳鼠标指针到需要结束的位置，释放鼠标左键，绘制出一个矩形网格，如图2-16所示。绘制时，按住【Shift】键不放，可绘制出一个正方形网格；按住【～】键不放，可自动绘制出多个矩形网格。

● 精确绘制矩形网格：选择"矩形网格工具"▦，在画板上单击鼠标左键，打开"矩形网格工具选项"对话框，设置矩形网格的宽度、高度，设置水平分隔线、垂直分隔线的数量和倾斜，单击 确定 按钮，可以得到精确绘制的矩形网格，如图2-17所示。

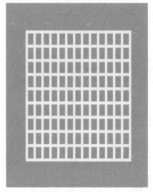

图2-16　绘制矩形网格　　　　　　　　　　图2-17　精确绘制矩形网格

2.1.6　绘制极坐标网格

"极坐标网格工具"◉可以用来绘制由不同数量同心圆和射线组成的极坐标网格图形。绘制极坐标网格的方法主要有以下两种。

● 拖曳鼠标指针绘制极坐标网格：选择"极坐标网格工具"◉后，在画板中需要的起点位置单击并按住鼠标左键不放，拖曳鼠标指针到需要结束的位置，释放鼠标左键，绘制出一个极坐标网格，效果如图 2-18所示。绘制时，按住【Shift】键不放，可绘制出一个圆形极坐标网格；按住【～】键不放，可自动绘制出多个极坐标网格。

● 精确绘制极坐标网格：选择"极坐标网格工具"◉，在画板上单击鼠标左键，打开"极坐标网格工具选项"对话框，设置极坐标网格图形的宽度与高度、同心圆分隔线与径向分隔线的数量和倾斜，单击 确定 按钮，得到精确绘制的极坐标网格，如图2-19所示。

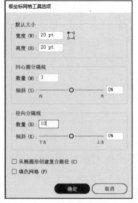

图2-18　绘制极坐标网格　　　　　　　　　　图2-19　精确绘制极坐标网格

2.1.7 线条设置

使用线性绘图工具绘图后，可以在控制栏中对线条的颜色、粗细、变量宽度配置文件等进行调整，使线条更加符合设计需要。

- 设置描边色：绘制好线条后，在工具箱底部的"描边"按钮█上双击鼠标左键，打开"拾色器"对话框，拖曳中间彩色矩形条的滑块调节色相，可在左侧的正方形区域单击鼠标左键选择需要的颜色，或在右侧的颜色组件中输入参数，也可设置需要的颜色，单击 确定 按钮，如图2-20所示。或者在控制栏中单击"描边色"按钮█，在弹出的面板中选择需要的描边色，如图2-21所示。

- 设置描边粗细：在控制栏中设置"描边"数值后，按【Enter】键，可以更改线条粗细，如图2-22所示。

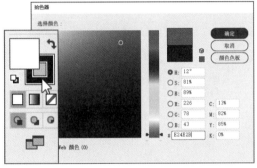

图2-20 设置描边色

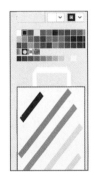

图2-21 在面板中选择描边色

图2-22 设置描边粗细

- 设置线条样式：在控制栏的"变量宽度配置文件"下拉列表中可以选择线条样式。

技能提升

图2-23所示为某企业制作的六一儿童节海报，请结合本小节所讲知识，分析该作品并进行练习。

（1）海报中间的棒棒糖图像纹理如何进行快速绘制？怎样绘制直线和曲线来装饰文本和页面？

_____

_____

（2）尝试利用线条、螺纹图形，以棒棒糖为"主题"设计一张六一儿童节海报，从而举一反三，进行思维的拓展与能力的提升。

高清彩图

效果示例

图2-23 六一儿童节海报

2.2 绘制基本图形

基本图形是平面设计中频繁用到的形状。通过 Illustrator中的矩形工具、圆角矩形工具、椭圆工具、多边形工具、星形工具，可以很方便地绘制出各种基本形状。它们的绘制方法类似，用户除了可以使用拖曳鼠标指针绘制外，还可以通过在对话框中设置相应的参数来精确绘制基本图形。

2.2.1 课堂案例——绘制简约水杯矢量图标

案例说明： 某杂志在制作茶叶介绍文稿时，需要使用一个简约水杯矢量图标来美化版面，要求尺寸为300pt×300pt。为了体现简约特征，这里采用圆角矩形、椭圆等基本形状，以黑色搭配浅绿色，参考效果如图2-24所示。

知识要点： 绘制椭圆、圆角矩形，设置填充色。

效果位置： 效果\第2章\简约水杯矢量图标.ai

高清彩图

图2-24 简约水杯矢量图标

✍ 设计素养

图标（icon）是指有明确含义的图形视觉语言。图标可以应用在很多场景中，它的形式有很多种，并且表现方式非常丰富。设计矢量图标时，需要考虑主题的性质、配色、外观特征等因素，同时注意表达的信息要明确，以便用户能够快速、准确地收到所要传达的信息。

其具体操作步骤如下。

STEP 01 新建尺寸为"300pt×300pt"、名称为"简约水杯矢量图标"的文件，选择"椭圆工具" ◉，在画板中单击鼠标左键，在打开的"椭圆"对话框中设置高度和宽度均为"150pt"，单击 确定 按钮绘制圆，如图2-25所示。

STEP 02 在控制栏中单击"描边色"按钮 ▣，在弹出的面板中单击"无"按钮 ✓，在工具箱底部双击"填充"按钮□，在打开的"拾色器"对话框中设置填充色为"#E3EDE4"，单击 确定 按钮。

STEP 03 选择"圆角矩形工具" ▣，在画板上单击鼠标左键，在打开的"圆角矩形"对话框中设置宽度、高度均为"65pt"，设置圆角半径为"2pt"，单击 确定 按钮，在控制栏中取消描边，在工具箱底部设置填充色为"#000000"，如图2-26所示。

视频教学：
绘制简约水杯
矢量图标

图2-25 绘制圆

图2-26 绘制圆角矩形

STEP 04 按【Shift+F8】组合键打开"变换"面板,在"矩形属性"栏中设置左下角和右下角的"圆角半径"为"24pt",然后按【Enter】键,如图2-27所示。

STEP 05 绘制宽为4pt、高为30pt的圆角矩形,取消描边,设置填充色为"#FFFFFF",作为杯子的高光区域,在"变换"面板的"矩形属性"栏中设置所有"圆角半径"为"1.8pt",按【Enter】键,如图2-28所示。

图2-27 设置左下角和右下角位置的圆角半径

图2-28 绘制圆角矩形

STEP 06 选择"椭圆工具" ◎,绘制宽度和高度均为"25pt"的圆作为杯柄,在控制栏中单击"填充色"按钮 ▼,在弹出的面板中设置填充色为"无" ☑,单击"描边色"按钮 ◼▼,在弹出的面板中设置描边色为"#000000"、描边粗细为"5pt",按【Ctrl+[】组合键向下一层调整该图形的叠放顺序,如图2-29所示。

STEP 07 选择"矩形工具" ◼,在画板上单击鼠标左键,在打开的"矩形"对话框中设置矩形宽度为"65pt"、高度为"5pt",单击 确定 按钮,得到矩形。选择该矩形,在控制栏中设置填充色为"#000000",取消描边,选择"选择工具" ▶,将其移动到杯底,如图2-30所示。保存文件,完成本例的制作。

图2-29 绘制杯柄

图2-30 制作杯底

2.2.2 绘制矩形与圆角矩形

绘制矩形与绘制圆角矩形的方法相同,这里以绘制矩形为例讲解绘制方法。其具体方法为:选择

"矩形工具" ■后，在画板中需要的起点位置单击并按住鼠标左键不放，拖曳鼠标指针到需要结束的位置，释放鼠标左键，绘制出一个矩形。绘制时，按住【Shift】键不放，可以绘制出一个正方形；按住【Alt】键不放，可以绘制出以鼠标单击点为中心的矩形；按住【Alt+Shift】组合键不放，可以绘制出以鼠标单击点为中心的正方形；按住【~】键不放，可以自动绘制出多个矩形。

🔔 提示

上述方法同样适用于通过圆角矩形工具、椭圆工具、多边形工具和星形工具绘制图形。

1. 绘制精确矩形和圆角矩形

选择"矩形工具" ■，在画板中需要的位置单击鼠标左键，打开"矩形"对话框，在其中设置矩形的宽度、高度，单击 确定 按钮，如图2-31所示。

选择"圆角矩形工具" ■，在画板中需要的位置单击鼠标左键，打开"圆角矩形"对话框，在其中设置圆角矩形的宽度、高度、圆角半径，单击 确定 按钮，如图2-32所示。

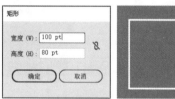
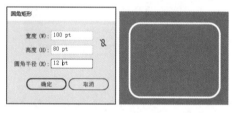

图2-31　"矩形"对话框　　　　　　图2-32　"圆角矩形"对话框

2. 拖曳边角构件调整边角

选择"选择工具" ▶，然后选择绘制好的矩形或圆角矩形，图形的周围将出现矩形圈选框。矩形圈选框由8个空心正方形控制点组成。图形的中心有一个实心正方形的中心标记■，上、下、左、右 4 个边角构件◉ 表示当前处于可编辑状态，按住鼠标左键向内拖曳其中任意一个边角构件，可对全部的矩形边角进行变形，松开鼠标左键即可完成变形，如图2-33所示。

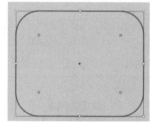

图2-33　拖曳边角构件调整边角

🔔 提示

选择【视图】/【隐藏边角构件】命令，可以将边角构件隐藏；选择【视图 】/【显示边角构件】命令，则将重新显示边角构件。

将鼠标指针移动到任意一个实心边角构件上，单击选中边角构件，鼠标指针则变为 形状，拖曳选中的边角构件可以对选中的边角单独进行变形，如图2-34所示。

  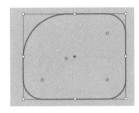

图2-34　对选中的边角单独进行变形

按住【Alt】键不放，单击选中任意一个边角构件，可在"圆角""反向圆角""倒角"3种边角样式中交替转换，如图2-35所示。按住【Ctrl】键不放的同时，双击选中其中一个边角构件，可打开"边角"对话框，如图2-36所示，在其中设置边角样式、边角半径和圆角类型，设置完成后单击 确定 按钮，完成调整。

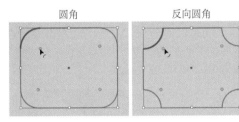 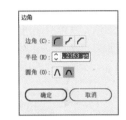

图2-35　"圆角""反向圆角""倒角"边角样式 　　　 图2-36　"边角"对话框

3. 通过"变换"面板调整边角

选择绘制好的矩形或圆角矩形，然后选择【窗口】/【变换】命令或按【Shift+F8】组合键打开"变换"面板，在"矩形属性"栏中可以设置"边角类型""圆角半径"。若需要全部的圆角半径值保持一致，此时可单击"链接圆角半径值"按钮 ；若需要分别设置圆角半径值，此时可单击"链接圆角半径值"按钮 取消圆角半径的链接，设置完成后按【Enter】键。图2-37所示为通过"变换"面板将左上角和右下角的"边角类型"设置为"倒角"、将"圆角半径"设置为"36pt"的效果。

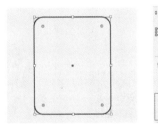 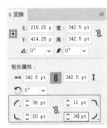 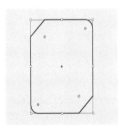

图2-37　通过"变换"面板调整边角

2.2.3　绘制椭圆

选择"椭圆工具" ，在画板中需要绘制的位置单击并按住鼠标左键不放，拖曳鼠标指针到需要的位置，释放鼠标左键，绘制出一个椭圆，如图2-38所示。绘制时，按住【Shift】键不放，可以绘制出一个圆，如图2-39所示；按住【~】键不放，可以自动绘制出多个椭圆。

1. 绘制精确椭圆

选择"椭圆工具" ，在画板中需要绘制的位置单击鼠标左键，打开"椭圆"对话框，如图2-40所示，设置椭圆形的宽度、高度，单击 确定 按钮，可得到精确的椭圆。

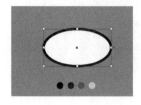
图2-38　椭圆

图2-39　圆

图2-40　"椭圆"对话框

2. 绘制饼图

选择绘制好的圆形，将鼠标指针移动到饼图控制器 上，待其变为 形状后按住鼠标左键不放并拖曳鼠标，可以调整饼图的角度，释放鼠标左键，完成饼图的绘制，如图2-41所示。

选择绘制好的椭圆，然后选择【窗口】/【变换】命令或按【Shift+F8】组合键打开"变换"面板，分别设置"饼图起点角度" 、"饼图终点角度" ，单击"约束饼图角度"按钮 ，可以同时设置起点角度和终点角度，使角度保持一致；单击"反转饼图"按钮 ，可以互换饼图起点角度和终点角度。图2-42所示为通过"变换"面板将"饼图起点角度" 设置为"12°"的效果。

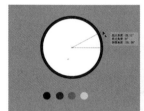

图2-41　拖曳鼠标绘制饼图

图2-42　通过"变换"面板绘制饼图

2.2.4　课堂案例——绘制扁平风格新品标签

案例说明：某网店即将上架一款新品，现需要制作一款扁平风格的新品标签，用于提醒顾客，要求标签的尺寸为300pt×300pt。为了提升标签的美观度，这里先绘制星形，结合边角设置，以及文字添加，制作出花瓣外观的标签，参考效果如图2-43所示。

知识要点：绘制星形、矩形；旋转对象。

效果位置：效果\第2章\新品标签.ai

高清彩图

图2-43　新品标签

✐ 设计素养

标签是用于表明物品的品名、重量、体积、用途等信息的简要标牌。常见的标签包括折扣标签、特价标签、合格标签和新品标签等。设计标签时，首先应明确内容，以便用户快速获知自己需要的信息，从而在一定程度上激发用户的需求。

其具体操作步骤如下。

STEP 01 新建 "300pt×300pt"、名称为 "新品标签"的文件,选择 "星形工具" ☆,在画板上单击鼠标左键,在打开的 "星形"对话框中设置半径1为 "90pt"、半径2为 "80pt"、角点数为 "10",单击 确定 按钮绘制多边形,然后在控制栏中单击 "描边色"按钮 ▣▾,在弹出的面板中单击 "无"按钮 ⟋,接着在控制栏中设置填充色为 "#D42A19",如图2-44所示。

STEP 02 将鼠标指针移动到边角构件上,按住鼠标指针向内拖曳边角构件,使边角变为圆角,按【Ctrl+C】组合键复制图形,按【Ctrl+F】组合键粘贴,然后向右下角移动,更改填充色为 "#B5B5B6",按【Ctrl+[】组合键向下调整堆叠顺序,制作扁平化投影效果,如图2-45所示。

图2-44 绘制并填充多边形　　　　　图2-45 调整边角并制作投影

STEP 03 选择 "文字工具" T,在星形图形内输入文本,在控制栏中设置字体、字体大小、文字颜色分别为 "思源黑体 CN Medium、60pt、#FFFFFF",然后在 "变换"面板中设置旋转角度为 "15°",按【Enter】键,如图2-46所示。

STEP 04 选择 "矩形工具" ▣,绘制矩形,设置填充色为 "#FFFFFF"、旋转角度为 "15°",选择 "文字工具" T,在矩形上输入文本,在控制栏中设置字体、字体大小、文字颜色分别为 "思源黑体 CN Medium、37pt、#D42A19",然后在 "变换"面板中设置旋转角度为 "15°",如图2-47所示。

图2-46 输入文本　　　　　　　图2-47 绘制矩形并输入文本

2.2.5 绘制星形

选择 "星形工具" ☆,在画板中需要绘制的位置单击并按住鼠标左键不放,拖曳鼠标指针到需要的位置,释放鼠标左键,绘制出一个星形,如图2-48所示。绘制时,按住【Shift】键不放,可以绘制出一个正星形;按住【~】键不放,可以自动绘制多个星形。

1. 绘制精确星形

选择 "星形工具" ☆,在画板中需要绘制的位置单击鼠标左键,打开 "星形"对话框,其中 "半径1"数值框可以设置从星形中心点到各外部角的顶点的距离,"半径 2"数值框可以设置从星形中心点到各内部角的端点的距离,"角点数"数值框可以设置星形中的边角数量,设置完成后单击 确定 按钮,如图2-49所示。

图2-48 绘制星形

图2-49 绘制精确星形

2. 拖曳边角构件调整星形边角

选择"直接选择工具" ，单击选中星形，此时四周出现边角构件 ，按住鼠标左键拖曳其中任意一个边角构件，可对星形角进行变形，释放鼠标左键即可完成变形，如图2-50所示；若单击选中边角构件，拖曳选中的边角构件可以对选中的边角单独进行变形；按住【Alt】键不放，单击选中任意一个边角构件，可在"圆角""反向圆角""倒角"3种边角样式中交替转换。

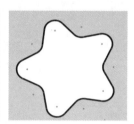

图2-50 拖曳边角构件调整星形边角

2.2.6 课堂案例——绘制立体三角图标

案例说明： 某公司需要为新研发的文档编辑软件设计一款App图标，要求其尺寸为300pt×300pt，外观为三角形，并结合颜色的设置，制作出立体造型，参考效果如图2-51所示。

知识要点： 绘制矩形、多边形、线条；移动对象；形状编辑器。

效果位置： 效果\第2章\立体三角图标.ai

高清彩图

图2-51 立体三角图标

设计素养

立体图标拥有强烈的空间感、立体感和视觉冲击力。设计立体图标时，可运用空间透视、投影效果、浮雕效果、色彩渐变效果等方式，使图标在视觉感官上具有立体效果。

其具体操作步骤如下。

STEP 01 新建尺寸为"300pt×300pt"、名称为"立体三角图标"的文件，选择"矩形工具" ，绘制画板大小的矩形，在控制栏中设置描边色为"无" 、填充色为"#E5DFEF"，作为背景。

STEP 02 选择"多边形工具" ，在画板中单击鼠标左键，在打开的"多边形"对话框中设置半径为"80pt"、边数为"3",单击 确定 按钮得到三角形,如图2-52所示。在控制栏中单击"描边色"按钮 ☑☑,在弹出的面板中设置描边色为"#000000"、描边为"1pt"。

STEP 03 按【Shift+F8】组合键打开"变换"面板,在"多边形属性"栏中设置边角类型为"倒角"、半径为"8pt",按【Enter】键,如图2-53所示。

STEP 04 选择"直线段工具" ╱ ,以三角形角点为起点和终点,在内部绘制与边平行的3条直线。选择3条直线,按【Ctrl+C】组合键复制3条直线,按【Ctrl+V】组合键粘贴,依次向内部平行移动,得到图2-54所示的图形。

STEP 05 选择线条和三角形,然后选择"形状生成器工具" ☑,在需要合并的区域拖曳,生成图2-55所示的3个形状。

图2-52 绘制三角形

图2-53 调整边角

图2-54 绘制与调整直线

图2-55 生成形状

STEP 06 选择多余的线条,按【Delete】键删除,只保留生成的形状,如图2-56所示。

STEP 07 依次选择生成的形状,取消描边,设置填充色分别为"#B19DC2、#5D407A、#FCFCF1",如图2-57所示。保存文件,完成本例的制作。

图2-56 删除多余部分

图2-57 填充颜色

2.2.7 绘制多边形

选择"多边形工具" ⬡,在画板中需要绘制的位置单击并按住鼠标左键不放,拖曳鼠标指针到需要的位置,释放鼠标左键,绘制出一个多边形,如图2-58所示。绘制时,按住【Shift】键不放,可以绘制出一个正多边形；按住【~】键不放，可以自动绘制多个多边形。

1．绘制精确多边形

选择"多边形工具" ⬡ ，在画板中需要绘制的位置单击鼠标左键，打开"多边形"对话框，设置多边形的半径、边数（最少边数为3），单击 确定 按钮，得到精确多边形，如图2-59所示。

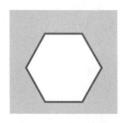

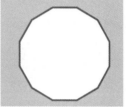

图2-58　绘制多边形　　　　　　　　　　　图2-59　绘制精确多边形

2．拖曳多边形构件调整多边形边数

选择"选择工具" ▶ ，然后选择绘制好的多边形，将鼠标指针放置在多边形构件 ◦ 上，当鼠标指针变为 ⌁ 形状时，向上拖曳多边形构件可以减少多边形的边数，向下拖曳多边形构件可以增加多边形的边数，如图2-60所示。

3．调整多边形边角

绘制好多边形后，按【Shift+F8】组合键打开"变换"面板，在"多边形属性"栏中可以设置多边形边数、多边形角度、边长、多边形半径、多边形边角类型和多边形圆角半径等选项，如图2-61所示。

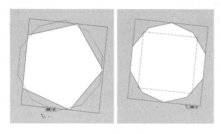

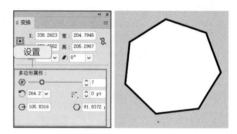

图2-60　调整多边形边数　　　　　　　　　图2-61　调整多边形边角

2.2.8　使用形状生成器生成图形

使用形状生成器可以通过合并图形来生成复杂的图形。选择"形状生成器工具" ▣ 或按【Shift+M】组合键切换到该工具，选择需要生成形状的全部图形，将鼠标指针移动到封闭区域，拖曳鼠标指针在需要合并的区域、路径和锚点上涂抹，则可合并生成新图形，如图2-62所示。

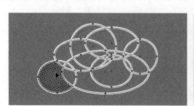

图2-62　使用形状生成器生成图形

2.2.9 设置填充与轮廓

绘制好图形后，可以为其填充不同的色彩，设置不同的轮廓，以满足平面设计的需求。轮廓设置方法与2.1.7小节线条设置方法相同，这里不再介绍。下面介绍填充的设置方法。

- 通过控制栏设置：选择绘制好的基本图形，在控制栏中单击"填充色"按钮 ，在弹出的面板中选择需要填充的颜色后单击鼠标左键，如图2-63所示。
- 通过"拾色器"对话框设置：选择绘制好的基本图形，在工具箱中双击"填充"图标 ，打开"拾色器"对话框，拖曳中间彩色矩形条的滑块可调节色相，在左侧的正方形区域单击鼠标左键，即可选择需要的颜色，或者在右侧的颜色文本框中输入相应的参数，单击 确定 按钮，即可设置需要的颜色为填充色，如图2-64所示。

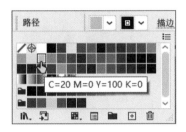

图2-63 通过控制栏设置填充色

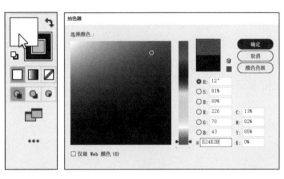

图2-64 通过"拾色器"对话框设置填充色

技能提升

图2-65所示为某企业的几何图形悬挂招贴，请结合本小节所讲知识，分析该作品并进行练习。

（1）该招贴的主体图像由哪些基本图形组成？要实现图2-65所示的效果，需要应用哪些绘图工具？

_____

_____

_____

（2）尝试使用基本图形工具制作该悬挂招贴，提升动手能力。

高清彩图

图2-65 几何图形招贴

对象的基本编辑

Illustrator 中提供了强大的对象编辑功能，用户通过该功能可以对绘制的对象进行编辑。本节将介绍对象的基本编辑方法，如对象的多种选取方式，对象的缩放、移动和镜像，对象的旋转、倾斜、扭曲变形、复制和删除等。

2.3.1 课堂案例——绘制渔家餐饮标志

案例说明： 某餐饮店需要设计一个餐饮标志用于广告牌制作，由于该店位于江边，招牌菜品为"鱼"，因此该标志要求体现"鱼"图像，既易于识别，同时又兼具独特性和美观性，吸引消费者进店。要求标志尺寸为300pt×300pt，参考效果如图2-66所示。

知识要点： 选取对象；复制、移动、删除、缩放对象；联集、分割、减去顶层。

效果位置： 效果\第2章\渔家餐饮标志.ai

高清彩图

图2-66 渔家餐饮标志

✐ 设计素养

餐饮标志设计需要以餐饮品类为创意出发点，传统中式餐饮标志多采用祥云、中国结、书法和印章等古典元素，设计复杂、精细；西式餐饮标志则多采用图形、线等元素构成图像，设计鲜明，色彩明亮，色调简单。

其具体操作步骤如下。

STEP 01 新建尺寸为"300pt×300pt"、名称为"渔家餐饮标志"的文件，选择"矩形工具" ▣，绘制画板大小的矩形，取消描边，设置填充色为"#EBAB24"。选择"椭圆工具" ◯，在画板中单击鼠标左键，在打开的"椭圆"对话框中设置宽度和高度均为"180pt"，单击 确定 按钮得到圆，设置填充色为"#FFFFFF"、描边色为"#000000"、轮廓粗细为"8pt"，效果如图2-67所示。

视频教学：
绘制渔家餐饮
标志

STEP 02 绘制直径为"120pt"的圆，设置填充色为无，设置描边粗细和颜色为"8pt、#000000"。选择"选择工具" ▶，将鼠标指针移动到圆上，按住鼠标左键不放并拖曳鼠标指针，在拖曳的过程中按住【Alt】键不放，在目标位置释放鼠标左键得到复制的圆，如图2-68所示。

STEP 03 用此方法继续复制一个圆，调整位置，选择"选择工具" ▶，按住【Shift】键不放，选择3个重叠的圆，如图2-69所示。

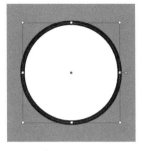

图2-67 绘制矩形和圆 　　　　 图2-68 绘制并复制圆 　　　　 图2-69 选择3个圆

<u>STEP</u> 04 选择【窗口 】/【路径查找器】命令，打开"路径查找器"面板，在"路径查找器"选项组中单击"分割"按钮■，按【Shift+Ctrl+G】组合键取消组合，选择多余部分并按【Delete】键删除，保留图2-70所示的部分。

<u>STEP</u> 05 选择"选择工具" ▶，按住【Shift】键不放，选择下方的两个图形，在"路径查找器"面板的"形状模式"选项组中单击"联集"按钮■，得到图2-71所示的图形。

图2-70 分割对象 　　　　　　　　　　 图2-71 联集对象

<u>STEP</u> 06 设置合并后的图形填充色为"#33A7D8"。选择"椭圆工具" ●，在图形上方绘制黑色圆作为眼睛，如图2-72所示。

<u>STEP</u> 07 选择"星形工具" ☆，绘制五角星，设置填充色为"#000000"，取消描边，使用"直接选择工具" ▷拖曳边角构件，调整为圆角，最后在星形上绘制矩形，移动矩形位置以便分割两个角，如图2-73所示。

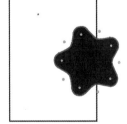

图2-72 绘制眼睛 　　　　　　　　　 图2-73 绘制星形和矩形

<u>STEP</u> 08 选择"选择工具" ▶，按住【Shift】键不放，选择下部分的两个图形，在"路径查找器"面板的"形状模式"选项组中单击"减去顶层"按钮■，得到图2-74所示的鱼尾形状。

<u>STEP</u> 09 选择"选择工具" ▶，将鱼尾形状拖曳到步骤6所绘图形下方，拖曳四周的控制点调整其大小，如图2-75所示。

图2-74 减去顶层对象

图2-75 调整鱼尾大小

STEP 10 选择"圆角矩形工具" ■，绘制圆角矩形，取消描边，设置填充色为"#EBAB24"。使用"直接选择工具" ▷拖曳边角构件，调整为圆角半径。在圆角矩形上方绘制白色圆，如图2-76所示。

STEP 11 选择"文字工具" T，在矩形上输入文本，在控制栏中设置字体、字体大小、文字颜色分别为"汉仪琥珀体简、18pt、#000000"，效果如图2-77所示。

STEP 12 选择"弧线工具" ╭，拖曳鼠标指针绘制连接圆角矩形和鱼的弧线，设置描边粗细为"2pt"、描边色为"#000000"，如图2-78所示。保存文件，完成本例的制作。

图2-76 绘制圆

图2-77 输入文本

图2-78 绘制弧线

2.3.2 对象的选取

Illustrator中提供了多种选取工具用于选择对象，用户还可以使用"选择"菜单来选择对象。

1. 使用选取工具选择

在编辑一个对象之前，首先要选中这个对象。若要取消对象的选取状态，在绘图页面的其他位置单击鼠标左键即可。Illustrator中提供了5种选择工具，具体介绍如下。

- "选择工具" ▶：选择该工具，将鼠标指针移动到对象或路径上，此时鼠标指针呈 ▶ 形状，单击鼠标左键即可选取对象。若要选取多个对象，用户可以在多个对象上方拖曳鼠标指针绘制矩形选框，被选中的多个对象共用1个矩形选框，如图2-79所示；按住【Shift】键不放依次单击鼠标左键，可选取多个不连续对象。
- "直接选择工具" ▷：选择该工具，在对象上单击鼠标左键，可以选取整个对象的路径和锚点；在路径上单击鼠标左键，将选择路径，并显示方向线；在节点上单击鼠标左键，将选择节点，并显示方向线，如图2-80所示。

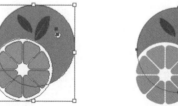

图2-79 框选多个对象

图2-80 选择节点

- "编组选择工具" ↳：选择该工具，在组合对象中的个别对象上依次单击鼠标左键，可将其选中。
- "魔棒工具" ✨：可以选取具有相同笔画或填充色属性的对象。双击"魔棒工具" ✨，弹出"魔棒"面板，勾选相应的复选框，可以同时选中对应属性的对象，包括"填充颜色""描边颜色""描边粗细""不透明度""混合模式"等。图2-81所示为勾选"填充颜色"后使用"魔棒工具" ✨ 在白色区域单击鼠标左键的效果。

图2-81 选择相同填充颜色属性的对象

- "套索工具" ◯：选择该工具，在对象的外围单击并按住鼠标左键不放，拖曳鼠标指针绘制一个套索圈，释放鼠标左键，对象被选取，如图2-82所示；或者绘制出一条套索线，套索线经过的对象将同时被选取，如图2-83所示。

图2-82 绘制套索圈选取对象　　　　　图2-83 使用套索线选取对象

2. 使用"选择"菜单选择

"选择"菜单中的命令及其功能如下。

- "全部"命令：可以同时选取画板以外的灰色区域和画板上的所有对象，但不包含隐藏和锁定的对象（组合键为【Ctrl+A】）。
- "现用画板上的全部对象"命令：可以将画板上的所有对象同时选取，但不包含隐藏和锁定的对象（组合键为【Alt+Ctrl+A】）。
- "取消选择"命令：可以取消所有对象的选取状态（组合键为【Shift+Ctrl+A】）。
- "重新选择"命令：可以重复上一次的选取操作（组合键为【Ctrl+6】）。
- "反向"命令：可以选取文档中除当前被选中的对象之外的所有对象。
- "上方的下一个对象"命令：可以选取当前被选中对象堆叠顺序之上的对象。
- "下方的下一个对象"命令：可以选取当前被选中对象堆叠顺序之下的对象。
- "相同"子菜单中的命令：可以选取文件中相同属性的对象，如外观、外观属性、混合模式、填色与描边、不透明度、图形样式、形状、符号实例和链接块系列。
- "对象"子菜单中的命令：可以选取同类对象，如同一图层上的所有对象、方向手柄、毛刷画笔描边、画笔描边、剪切蒙版、游离点、所有文本对象、点状文字对象、区域文字对象。
- "存储所选对象"命令：可以对当前进行的选取操作进行保存。
- "编辑所选对象"命令：可以对已经保存的选取操作进行编辑。

2.3.3 对象的缩放、移动和镜像

在制图过程中，经常需要对部分对象进行缩放、移动和镜像等变换操作。Illustrator中提供了多种用于缩放、移动和镜像对象的方法，下面对常用方法进行具体介绍。

1. 对象的缩放

选取要缩放的对象后，可执行以下几种操作。

● 将鼠标指针移动到矩形圈选框的8个空心正方形控制点 上，鼠标指针呈 形状，拖曳需要的控制点，可以完成对象的缩放，如图 2-84所示。在拖曳对角线上的控制点时，按住【Shift】键不放，对象会成等比例缩放；按住【Shift+Alt】组合键不放，对象会从中心等比例缩放，如图2-85所示。

图2-84　对象的缩放　　　　　　　　　　图2-85　对象从中心等比例缩放

● 选择"比例缩放工具" ，在对象上单击鼠标左键重新确定控制点 （该控制点默认在中心），按住鼠标左键不放向内或向外拖曳对象，可以围绕控制点缩小或放大对象。

● 选择【窗口】/【变换】命令或按【Shift+F8】组合键，打开"变换"面板，在其中可以设置对象的宽度值、高度值，如图2-86所示。勾选"缩放圆角"复选框，可以在缩放时等比例缩放圆角半径值。勾选"缩放描边和效果"复选框，可以在缩放时等比例缩放添加的描边和效果。

● 选择【对象】/【变换】/【缩放】命令，打开"比例缩放"对话框，如图2-87所示。单击选中"等比"或"不等比"单选按钮可以调节对象是否成比例缩放，"水平"数值框可以用来设置对象在水平方向上的缩放百分比，"垂直"数值框可以用来设置对象在垂直方向上的缩放百分比。

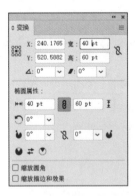　　　　　　　　

图2-86　"变换"面板　　　　　　　　　　图2-87　"比例缩放"对话框

2. 对象的移动

选取要移动的对象后，可执行以下几种操作。

● 在对象上单击并按住鼠标左键不放，拖曳鼠标到需要放置对象的位置，释放鼠标左键，完成对象的移动，如图2-88所示。

- 按键盘上的方向键可以微调对象的位置。
- 在"变换"面板中，设置*X*轴和*Y*轴的数值，可以移动对象。
- 选择【对象 】/【变换】/【移动】命令或按【Shift+Ctrl+M】组合键，打开"移动"对话框，如图 2-89所示。在其中，可设置"水平""垂直"方向移动的参数，也可设置对象移动的"距离""角度"参数；单击 复制(C) 按钮，可以复制出一个移动后的对象。

图2-88 对象的移动 　　　　　　　　　　　　　　图2-89 "移动"对话框

3. 对象的镜像

选取要镜像的对象后，可执行以下几种操作。

- 选择"镜像工具" ⋈ ，在对象上单击鼠标左键可重新确定控制点 （该控制点默认在中心），拖曳对象，对象将围绕控制点进行旋转镜像，释放鼠标左键，完成对象的镜像，如图 2-90所示。
- 使用"选择工具" ▶ ，选取要生成镜像的对象，按住鼠标左键不放并拖曳矩形选框一边上的控制点到相对的边，直到出现蓝色预览线稿，释放鼠标左键就可以得到不规则的镜像对象。
- 在"变换"面板中单击"水平翻转"按钮 ⋈ 或"垂直翻转"按钮 ⋩ ，可以实现水平或垂直镜像对象。
- 选择【对象】/【变换】/【对称】命令，打开"镜像"对话框，如图2-91所示。在其中，可设置"水平""垂直"镜像对象，也可设置镜像的"角度"；勾选"变换对象"复选框，对象中的图案不会被镜像；勾选"变换图案"复选框，对象中的图案会被镜像；单击 复制(C) 按钮，可以在原对象上复制一个镜像的对象。

图2-90 使用"镜像工具"镜像对象 　　　　　　　图2-91 "镜像"对话框

2.3.4 对象的旋转、倾斜

在制图过程中，可以根据需要调整对象的角度。Illustrator中提供了旋转和倾斜两种方式来调整对象的角度。

1. 对象的旋转

选取要旋转的对象后，可执行以下几种操作。

● 使用"选择工具" ▶，选取要旋转的对象，将鼠标指针移动到矩形圈选框对角线的空心正方形控制点 ⊡ 外侧，鼠标指针呈 ↱ 形状，拖曳鼠标可旋转对象。旋转时对象会出现蓝色预览线稿，可预览旋转后的效果，旋转到需要的角度后，释放鼠标左键即可。

● 选择"旋转工具" ↻，在对象上单击鼠标左键可重新确定控制点 ✦（该控制点默认在中心），拖曳对象，对象将围绕控制点进行旋转，释放鼠标左键，完成对象的旋转，如图2-92所示。

● 在"变换"面板的"旋转"数值框中输入旋转角度值，按【Enter】键完成旋转。

● 选择【对象】/【变换】/【旋转】命令或双击"旋转工具" ↻，打开"旋转"对话框，如图2-93所示。在其中，可以设置旋转的"角度"；勾选"变换对象"复选框，对象的图案不会旋转；勾选"变换图案"复选框，对象的图案也会旋转；单击 复制 (C) 按钮，可以在原对象上复制一个旋转的对象。

图2-92 使用"旋转工具"旋转对象

图2-93 "旋转"对话框

2. 对象的倾斜

选取要倾斜的对象后，可执行以下几种操作。

● 选择"倾斜工具" ➦，按住鼠标左键不放并拖曳对象，出现蓝色预览线稿，可预览倾斜效果，释放鼠标左键，完成对象的倾斜，如图2-94所示。

● 在"变换"面板的"倾斜"数值框中输入倾斜角度值，按【Enter】键完成倾斜。

● 选择【对象】/【变换】/【倾斜】命令或双击"倾斜工具" ➦，打开"倾斜"对话框，如图2-95所示。在其中，可以设置"倾斜角度"；单击选中"水平"单选按钮，对象可以水平倾斜；单击选中"垂直"单选按钮，对象可以垂直倾斜；单击选中"角度"单选按钮，可以调节倾斜的角度；单击 复制 (C) 按钮，可以在原对象上复制一个倾斜的对象。

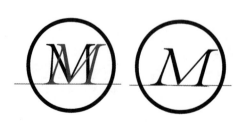

图2-94 使用"倾斜工具"倾斜对象

图2-95 "倾斜"对话框

在选取的对象上单击鼠标右键，在弹出的快捷菜单中也可选择对象的移动、旋转、镜像和倾斜命令。

2.3.5　对象的扭曲变形

Illustrator中提供了一组用于扭曲变形对象的工具，用户通过它们可以实现多种变形效果。选取要变形的对象后，可执行以下几种操作。

- 选择"变形工具" ▆，将鼠标指针放到对象的适当位置上，按住鼠标左键不放并拖曳鼠标，使对象扭曲变形。双击"变形工具" ▆，打开"变形工具选项"对话框，设置画笔的"宽度""高度""角度""强度"，勾选"细节"复选框可以控制变形的细节程度，勾选"简化"复选框可以控制变形的简化程度，勾选"显示画笔大小"复选框可以在画板上展示当前设置画笔大小，如图2-96所示。

- 选择"旋转扭曲工具" ◪，将鼠标指针放到对象的适当位置上，按住鼠标左键不放并拖曳鼠标，使对象旋转变形。双击"旋转扭曲工具" ▦，打开"旋转扭曲工具选项"对话框，其中"旋转扭曲速率"可用于设置控制旋转扭曲变形的比例，其他参数的功能与 "变形工具选项"对话框中参数的功能相同，如图2-97所示。

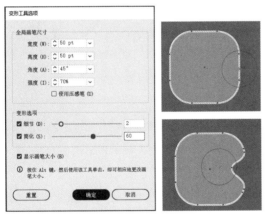

图2-96　变形

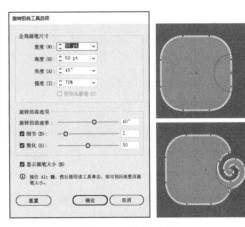

图2-97　旋转扭曲

- 选择"宽度工具" ▨，将鼠标指针放到对象描边上，按住鼠标左键不放并拖曳鼠标，使对象描边宽度产生变化，如图2-98所示。

- 选择"缩拢工具" ✱，将鼠标指针放到对象的适当位置上，按住鼠标左键不放并拖曳鼠标，使对象缩拢变形，如图2-99所示。

- 选择"膨胀工具" ✦，将鼠标指针放到对象的适当位置上，按住鼠标左键不放并拖曳鼠标，使对象膨胀变形，如图2-100所示。

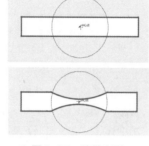 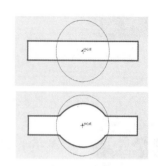

图2-98　宽度变形　　　　　　图2-99　缩拢变形　　　　　　图2-100　膨胀变形

- 选择"扇贝工具" ，将鼠标指针放到对象的适当位置上，按住鼠标左键不放并拖曳鼠标，使对象扇贝变形，如图2-101所示。
- 选择"晶格化工具" ，将鼠标指针放到对象的适当位置上，按住鼠标左键不放并拖曳鼠标，使对象晶格化变形，如图2-102所示。
- 选择"皱褶工具" ，将鼠标指针放到对象的适当位置上，按住鼠标左键不放并拖曳鼠标，使对象皱褶变形，如图2-103所示。

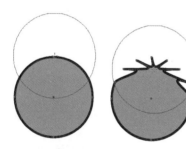  

图2-101　扇贝变形　　　　　　图2-102　晶格化变形　　　　　　图2-103　皱褶变形

> **提示**
>
> 除了宽度工具外，双击变形工具组中的其他变形工具，会打开相应的对话框，在其中可设置画笔的"宽度""高度"等变形参数，然后单击 确定 按钮即可。

2.3.6　对象的剪切、复制与删除

选取要执行剪切、复制与删除操作的对象后，具体操作如下。

- 剪切对象：剪切对象，原对象会消失，对象将存在于剪贴板中，执行粘贴操作可以将对象从剪贴板中移动到画板中。选取要剪切的对象，按【Ctrl+X】组合键复制，按【Ctrl+V】组合键粘贴；或者选择【编辑】/【剪切】命令，然后选择【编辑】/【粘贴】命令粘贴。
- 复制对象：复制对象，原对象不会发生变化，执行粘贴操作，将得到相同的新对象。按【Ctrl+C】组合键复制，按【Ctrl+V】组合键粘贴，对象的副本将被粘贴到原对象的旁边；按【Ctrl+C】组合键复制，按【Ctrl+F】组合键，对象的副本将被粘贴到原对象的位置，并覆盖原对象；或者选择【编辑】/【复制】命令，然后选择【编辑】/【粘贴】命令粘贴。还有一种方法是在移动的过程中

复制对象，首先选取要复制的对象，按住【Alt】键不放，拖曳鼠标指针到目标位置，释放鼠标左键，即可得到对象的副本，如图2-104所示。

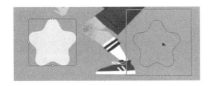

图2-104　在移动的过程中复制对象

● 删除对象：选取要删除的对象，按【Delete】键，或选择【编辑】/【清除】命令。

2.3.7　使用"路径查找器"面板

选取多个对象后，单击"路径查找器"面板中的相关按钮，可以使许多简单的路径经过特定的运算之后形成各种复杂的路径。选择【窗口】/【路径查找器】命令或按【Shift+Ctrl+F9】组合键，打开"路径查找器"面板，如图2-105所示。其中，"形状模式"选项组有"联集"按钮▇、"减去顶层"按钮▇、"交集"按钮▇、"差集"按钮▇、"扩展"按钮▇▇5个按钮，"扩展"按钮默认呈灰色不可用状态，单击其他按钮时，按【Alt】键，可以建立复合形状，选择复合形状后，"扩展"按钮才被激活；"路径查找器"选项组包括"分割"按钮▇、"修边"按钮▇、"合并"按钮▇、"裁剪"按钮▇、"轮廓"按钮▇、"减去后方对象"按钮▇6个按钮。图2-106所示为选取两个对象，单击"联集"按钮▇后的效果；图2-107所示为选取两个对象，单击"减去顶层"按钮▇后的效果。

图2-105　"路径查找器"面板　　　图2-106　联集　　　图2-107　减去顶层

🔗 资源链接

"路径查找器"面板是编辑图形时常用的面板，因此熟悉面板中各个按钮的作用非常重要。关于"路径查找器"面板中按钮的作用，读者可扫描右侧的二维码查看详情。

扫码看详情

2.3.8　对象的还原、重做

对对象执行操作后，通过"还原"操作可以撤销操作，通过"重做"操作可以恢复操作。例如，移动对象后，选择【编辑】/【还原移动】命令可以撤销移动操作，再选择【编辑】/【重做移动】命令可以恢复移动操作。

图2-108所示为某网站的优惠券弹窗广告，请结合本小节所讲知识，分析该作品并进行练习。

（1）该优惠券弹窗广告中有哪些形状？要实现这些效果，我们需要应用对象的哪些操作？

_____

_____

（2）尝试利用绘图工具和对象的编辑功能设计一个礼包券弹窗广告，从而举一反三，进行思维的拓展与能力的提升。

高清彩图

效果示例

图2-108　优惠券弹窗广告

2.4 课堂实训

2.4.1　制作运动蓝牙耳机详情页"商品特点"模块

1. 实训背景

某专营科技商品的网店最近新进了一款运动蓝牙耳机，为了帮助消费者更好地了解蓝牙耳机的性能特点，需要在详情页设计"商品特点"模块。要求该模块尺寸为"1125px×1800px"，特点明确且展现清晰、美观。

2. 实训思路

（1）风格定位。首先定位详情页的风格，对颜色、形状、字体进行整体把握，以蓝色作为运动蓝牙耳机详情页的色调，搭配白色，干净利落，如图2-109所示；通过弧线、圆、圆角矩形等形状元素来展现蓝牙耳机柔和的边缘特征；利用"方正兰亭圆简体"来搭配圆角，整体和谐、统一，又不失美感。

（2）商品特点图标设计。根据运动蓝牙耳机的说明书概括出商品特点。本实训概括为"开盖即连""蓝牙5.4""防水防汗""HiFi音质"，使用相同明度、与蓝色对比鲜明的紫色和绿色来制作图标背景，使用白色作为图标主体颜色突出显示"商品特点"，再搭配文字进行说明，如图2-110所示。

（3）布局设计。因页面有限，考虑通过一行两排、两行展示4个特点的布局。

完成后本实训的参考效果如图2-111所示。

高清彩图

图2-109 风格定位　　　图2-110 商品特点图标设计　　　图2-111 参考效果

效果位置: 效果\第2章\运动蓝牙耳机详情页"商品特点"模块.ai

3. 步骤提示

STEP 01 新建尺寸为"1125px×1800px"、名称为"运动蓝牙耳机详情页'商品特点'模块"的文件,绘制与画板相同大小的蓝色矩形作为背景。

STEP 02 选择"圆角矩形工具" ▣ ,绘制白色圆角矩形,选择【效果】/【风格化】/【投影】命令,在打开的对话框中设置投影参数,单击 确定 按钮添加投影效果。

STEP 03 使用"文字工具" T 输入文字,设置文字字体格式,在第3排文字左右两侧绘制圆形装饰文字。

STEP 04 选择"弧形工具" ⌒ ,在文字下方绘制弧线,以装饰页面。

视频教学:
制作运动蓝牙耳
机详情页"商品
特点"模块

STEP 05 选择"椭圆工具" ⬭ ,绘制填充色为"#D5DAC0"的圆,然后原位复制并粘贴圆,接着从中心等比例缩小复制的圆,更改填充色为"#C3A1CA",制作商品特点图标背景。

STEP 06 选择"圆角矩形工具" ▣ ,绘制白色圆角矩形,选择【对象】/【扩展】命令,将描边扩展为图形,取消组合删除多余部分,形成圆角矩形环的效果。

STEP 07 旋转并复制圆角矩形环,调整位置。在两个圆角矩形环相交位置绘制矩形,选择圆角矩形环与矩形,通过"路径查找器"面板中的"减去顶层"按钮 ▣ 将圆角矩形相交的部分裁剪掉,形成环环相扣的图形效果。

STEP 08 使用"文字工具" T 输入文字,设置文字属性,完成首个商品特点图标的制作,然后使用与步骤6相同的方法制作其他商品特点图标。保存文件,完成本例的制作。

2.4.2 绘制"夏至"剪纸风海报

1. 实训背景

"夏至"将至,某商场需要张贴"夏至"海报,以便让更多顾客体验传统节气的魅力,推广我国的传统文化。现需要制作一幅尺寸为457.2mm×609.6mm的"夏至"海报,要求海报内容简明易懂,在体现"夏天"特色的同时具有创意性,带给顾客美的视觉感受。

2. 实训思路

(1)确定主体图像。通过实训背景可知,海报主题为"夏至",活动目的为推广我国的传统文化。

因此，这里可以将海报的主体图像与夏季的特点相结合。本例选择夏日里不可缺少的"雪糕"作为主体图像，让顾客在炎炎夏日里感受"凉爽"，如图2-112所示。

（2）明确配色方案。本例以紫色作为主色调，以青色作为辅助色调，二者形成鲜明对比，可提升视觉效果；以红色为点缀色，可丰富画面色彩。

（3）明确字体样式。为了体现传统文化，使用"宋体""Perpetua Titling MT"等有衬线字体为主题字体，而使用"Segoe Script"仿手写无衬线字体体现雪糕的丝滑效果，在保证画面和谐、统一的同时，能更好地体现画面的层次，提升视觉设计的美感。

（4）结合创意展示卖点。对椭圆进行变形处理，得到不规则图形，复制并缩小图形，填充不同深浅的颜色，打造层次分明的剪纸风效果，让顾客被画面吸引而产生浏览的兴趣，如图2-113所示。

本实训完成后的参考效果如图2-114所示。

图2-112　确定主体图像　　　图2-113　打造剪纸风效果　　　图2-114　参考效果

高清彩图

效果位置： 效果\第2章\"夏至"剪纸风海报.ai

3. 步骤提示

STEP 01 新建尺寸为"457.2mm×609.6mm"、名称为"'夏至'剪纸风海报"的文件，选择"矩形工具" ，绘制画板大小的矩形；选择"椭圆工具" ，绘制椭圆。

STEP 02 选择"变形工具"，设置变形工具画笔的"宽度""高度""角度""强度"等参数，拖曳椭圆边缘对其进行变形。

STEP 03 原位复制、粘贴变形后的椭圆，从中心等比例缩放，以此方法继续复制缩小图形，更改填充色为不同深浅的颜色，形成剪纸风效果。

视频教学：
制作"夏至"
剪纸风海报

STEP 04 选择"圆角矩形工具" ，绘制雪糕图形，调整圆角，雪糕上的效果通过"路径查找器"面板中的"合并"按钮 合并多个圆角矩形，并使用"直接选择工具" 调整圆角边角构件实现，然后更改填充色。

STEP 05 使用"直排文字工具" 输入文字，设置文字属性，选择"直线段工具" ，在文字中间绘制相同颜色的线条装饰文字；在"变换"面板中设置"summer"文字的旋转角度。

STEP 06 继续绘制雪糕，在制作雪糕上的条纹效果时，需要绘制线条作为分割线。选择线条和圆角矩形，通过"路径查找器"面板中的"分割"按钮 进行分割，取消编组，然后间隔填充颜色。

STEP 07 复制两个条纹雪糕图形，在"变换"面板中设置旋转角度，并移动到合适位置。保存文件，完成本例的制作。

2.5 课后练习

练习 1 制作网页折扣标签

　　某网店需要制作网页折扣标签，体现"75折"信息，以吸引消费者购买。现要求综合利用多边形工具进行绘图、镜像对象、旋转对象、设置轮廓和填充色等操作，制作一款三角形网页折扣标签。本练习完成后的参考效果如图2-115所示。

　　效果位置：效果\第2章\网页折扣标签.ai

高清彩图

图2-115　网页折扣标签

练习 2 制作穿插图形标志

　　某广告印刷店铺主要经营广告设计和印刷业务，需要设计一款图形标志用于广告牌的制作。现要求通过绘制圆角矩形、绘制并复制线条、分割圆角矩形、移动对象、添加文字等操作，制作一个以蓝色为背景、黑白相间的穿插图形标志，并体现店铺名称"ALTERNATE"，制作的标志新颖有创意。本练习完成后的参考效果如图2-116所示。

　　效果位置：效果\第2章\穿插图形标志.ai

高清彩图

图2-116　穿插图形标志

第 **3** 章　复杂图形的绘制

进行平面设计时往往会用到很多复杂且不规则的图形，Illustrator中便提供了铅笔工具、画笔工具和钢笔工具组等，其中钢笔工具组的应用最为频繁。用户熟练掌握这些工具的使用方法可以轻松地完成复杂图形的绘制，提升自身的绘图水平。

📖 **学习目标**

    ◎ 掌握铅笔工具和画笔工具的使用方法
    ◎ 掌握钢笔工具组的使用方法
    ◎ 掌握路径的编辑方法

✧ **素养目标**

    ◎ 养成良好的绘图习惯，提高绘图效率
    ◎ 深入理解复杂图形在作品设计中的运用

◈ **案例展示**

    绘制"端午节"微信公众号首图　　　　绘制 Q 版动漫人物

手绘图形

在Illustrator中，铅笔工具和画笔工具是手绘图形的常用工具。另外，Illustrator还提供了Shaper工具、平滑工具、路径橡皮擦工具、连接工具等。用户使用这些工具可以调整手绘图形，提高手绘图形的效率和准确率。

3.1.1 课堂案例——绘制涂鸦表情

案例说明： 某社交App为提高交流的趣味性，需要设计一些用于聊天的涂鸦表情，如"怪我呀！！"，要求该表情的尺寸为300pt×300pt，线条流畅，表情动作到位。为了体现出该表情传达的含义，这里需要通过眼球动作、眉毛动作、嘴巴和手部动作综合实现，参考效果如图3-1所示。

高清彩图

图3-1 涂鸦表情

知识要点： 铅笔工具、Shaper工具、平滑工具、路径橡皮擦工具。
效果位置： 效果\第3章\涂鸦表情.ai

✐ 设计素养

涂鸦表情丰富多样，具有简单有趣、愉悦观众的特点，被广泛应用于文章插图、视觉故事、UI设计、Banner制作等中。涂鸦表情一般需要参考人物的表情、动作，进行简化设计。

其具体操作步骤如下。

STEP 01 新建尺寸为"300pt×300pt"、名称为"涂鸦表情"的文件，选择"椭圆工具" ⬭，设置宽度、高度均为"140pt"，设置填充色为"#F6C902"，取消描边的圆，拖曳鼠标指针绘制圆，作为背景，如图3-2所示。

STEP 02 选择"圆角矩形工具" ▢，在圆上绘制圆角矩形，设置填充色为"#FFFFFF"，设置描边粗细和颜色为"1pt、#000000"，拖曳边角构件调整圆角半径，作为涂鸦表情的脑袋。继续绘制圆角矩形，作为耳机，设置填充色为"#F4726E"，描边设置保持不变，效果如图3-3所示。

视频教学：
绘制涂鸦表情

图3-2 绘制圆

图3-3 绘制圆角矩形

STEP 03 选择"Shaper工具" ，在画板中单击并按住鼠标左键不放，绘制一个粗略形态的椭圆，释放鼠标左键，得到图3-4所示的椭圆，然后将其拖曳到合适位置。

STEP 04 选择"选择工具" ，按住【Shift】键不放，选择背景圆、头部圆角矩形和椭圆，然后选择"形状生成器工具" ，在中间位置拖曳鼠标指针生成图形，按【Delete】键删除背景以外的部分，将剩余部分的填充色设置为"#FFFFFF"，如图3-5所示。

图3-4　使用Shaper工具绘制椭圆

图3-5　生成形状

STEP 05 选择"铅笔工具" ，在脸部区域拖曳鼠标指针绘制眼睛轮廓，然后选择"平滑工具" ，将鼠标指针移动到路径上，按住鼠标左键不放并在路径上拖曳，使手绘的路径更加平滑，设置填充色为"#FFFFFF"，设置描边粗细和颜色为"1pt、#000000"，如图3-6所示。

STEP 06 选择"Shaper工具" ，绘制圆形眼球，设置填充色为"#000000"。选择"选择工具" ，按住【Shift】键不放并选择眼球、眼睛外侧的图形，按【Ctrl+C】组合键复制，按【Ctrl+V】组合键粘贴，将图形移动到合适的位置，如图3-7所示。

图3-6　绘制并平滑眼睛轮廓

图3-7　复制与移动眼睛

STEP 07 使用"铅笔工具" 绘制眉毛，设置描边粗细和颜色为"2pt、#000000"，使用"平滑工具"平滑眉毛。选择"Shaper工具" ，绘制椭圆腮红和嘴巴，设置填充色为"#F4726E"，设置嘴巴的描边粗细和颜色为"1pt、#000000"，然后使用"铅笔工具" 绘制手部图形，平滑线条，如图3-8所示。

STEP 08 使用"直接选择工具" 选择脑袋上的路径，然后选择"路径橡皮擦工具" ，分别在脑袋下方的多余路径上拖曳鼠标指针进行删除，效果如图3-9所示。

STEP 09 选择"文字工具" ，在头像上方输入文本，在控制栏中设置字体、字体大小、文字颜色分别为"方正卡通简体、18pt、#000000"，如图3-10所示。保存文件，完成本例的制作。

图3-8　绘制脸部和手部　　　　图3-9　删除多余路径　　　图3-10　输入文本

3.1.2 使用 Shaper 工具

使用"Shaper工具" 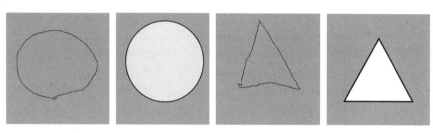可以将手绘的几何形状自动转换为规则的矢量形状。其具体操作方法为：选择"Shaper工具" ，在画板上单击鼠标左键，按住鼠标左键不放并拖曳鼠标指针，绘制一个粗略形态的几何图形，释放鼠标左键，图形将自动转换为规则的几何图形。图3-11所示为使用Shaper工具绘制的圆和三角形。

图3-11　使用 Shaper 工具绘制的圆和三角形

🔔 提示

选择"Shaper工具" ，同时在形状的填充与描边上拖曳鼠标指针进行涂抹，可以删除整个形状。若在形状组成的区域内拖曳鼠标指针进行涂抹，该区域会被删除；若在形状相交区域内拖曳鼠标指针进行涂抹，相交区域会被删除。

3.1.3 使用铅笔工具

对于比较随意的线条，我们可使用"铅笔工具" 来完成绘制。该工具的使用方式与现实生活中使用铅笔绘图的方式大致相同。其具体操作方法为：选择"铅笔工具" ，在画板中需要绘制的位置单击并按住鼠标左键不放，拖曳鼠标指针到需要的位置，释放鼠标左键，沿着轨迹可以绘制一条路径。图3-12所示为使用"铅笔工具" 绘制的图形。双击"铅笔工具" ，打开"铅笔工具选项"对话框，如图3-13所示。在其中可设置铅笔工具绘图时的属性，如精确度、平滑度、填充新铅笔描边、保持选定、编辑所选路径、范围等，单击 重置(R) 按钮，将清除当前设置，恢复默认设置，设置完成后单击 确定 按钮。

图3-12　使用铅笔绘制的图形

图3-13　"铅笔工具选项"对话框

🔔 提示

　　"铅笔工具选项"对话框中默认勾选"编辑所选路径"复选框，在此状态下，将鼠标指针定位到需要重新绘制的路径上，当鼠标指针呈 ✎ 形状时即可修改原来的路径。

3.1.4　使用平滑工具

　　使用"平滑工具" ✎ 可以将尖锐的曲线变得较为光滑。其具体操作方法为：选中需要平滑的路径，选择"平滑工具" ✎，将鼠标指针移动到需要平滑的路径旁，按住鼠标左键不放并在路径上拖曳鼠标指针。图3-14所示为平滑路径前后的对比效果。双击"平滑工具" ✎，打开"平滑工具选项"对话框，如图3-15所示。在其中可设置精确、平滑参数，然后单击 确定 按钮。

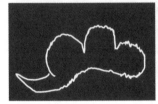　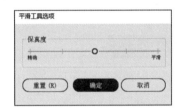

图3-14　平滑路径前后的对比效果　　　　　图3-15　"平滑工具选项"对话框

3.1.5　使用路径橡皮擦工具

　　使用"路径橡皮擦工具" ✎ 可以擦除已有的全部路径或者一部分路径。其具体操作方法为：选中想要擦除的路径，选择"路径橡皮擦工具" ✎，将鼠标指针移动到需要清除的路径旁，按住鼠标左键不放并在路径上拖曳鼠标指针，释放鼠标左键，即可沿着轨迹擦除路径，如图3-16所示。需要注意的是，"路径橡皮擦工具" ✎ 不能应用于文本对象和包含渐变网格的对象。

图3-16　使用路径橡皮擦工具擦除路径

3.1.6　使用连接工具

　　使用"连接工具" ✎ 可以将交叉、重叠或两端开放的路径连接为闭合路径。选中要连接的路径，选择"连接工具" ✎，将鼠标指针移动到路径左侧端点处，按住鼠标左键不放并向路径右侧端点处拖曳鼠标指针，释放鼠标左键，即可连接路径。图3-17所示为使用连接工具连接两端开放路径的效果。

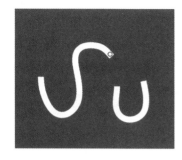  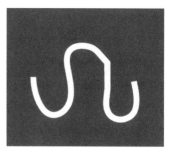

图3-17 使用连接工具连接路径

3.1.7 课堂案例——绘制"端午节"微信公众号首图

案例说明: 某公众号运营人员写了一篇关于"端午节"的推文,以便让更多用户体验传统节日的魅力,从而推广我国的传统文化。为了提升推文的点击率,我们需要绘制微信公众号首图,用于展示推文的主题。要求尺寸为900px×383px,结合相关素材,突出节日氛围,参考效果如图3-18所示。

知识要点: 画笔工具、"画笔"面板、画笔库、新建画笔。

素材位置: 素材\第3章\粽子.png、端午节文本.ai、端午元素.png

效果位置: 效果\第3章\"端午节"微信公众号首图.ai

高清彩图

图3-18 微信公众号首图

✍ 设计素养

公众号首图是推文中至关重要的组成部分,其设计的优劣将直接决定文章的点击率。在设计公众号首图时,要注意画面不宜复杂,突出主题,且只展示重要信息,同时选取清晰度较高的图片。

其具体操作步骤如下。

STEP 01 新建尺寸为"900px×383px"、名称为"'端午节'微信公众号首图"的文件,选择"矩形工具" ▢,绘制画板大小的矩形,设置填充色为"#E9F3F0",取消描边,作为背景使用。添加"粽子.png""端午元素.png"素材到背景中,然后调整大小。选择"椭圆工具" ⬭,绘制圆作为太阳,设置填充色为"#d59e5e",取消描边,完成背景的制作,如图3-19所示。

STEP 02 选择"圆角矩形工具" ▢,在画板上绘制宽为"45px"、高为"14px"

视频教学:
绘制"端午节"
微信公众号首图

53

的圆角矩形，设置填充色为"#000000"，取消描边，拖曳边角构件调整圆角半径。选择"直接选择工具" ▷，依次单击选中左侧锚点，拖曳锚点调整形状，作为自定义画笔使用，如图3-20所示。

图3-19　制作背景

图3-20　绘制并调整圆角矩形

STEP 03 选择作为自定义画笔的对象，然后选择【窗口】/【画笔】命令，打开"画笔"面板，单击"新建画笔"按钮 ⊞，打开"新建画笔"对话框，单击选中"艺术画笔"单选按钮，单击 确定 按钮，如图3-21所示。此时打开"艺术画笔选项"对话框，在"方法"下拉列表中选择"色相转换"选项，以便后期更改画笔颜色，单击 确定 按钮，如图3-22所示。

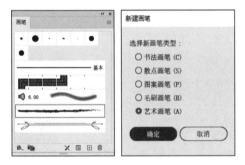

图3-21　新建艺术画笔　　　　　　　　　　　　图3-22　"艺术画笔选项"对话框

STEP 04 返回"画笔"面板查看新建的艺术画笔，选择"画笔工具" ✎，将描边色设置为"#22AC38"，将描边粗细设置为"1pt"，选择新建的艺术画笔，在画板中拖曳鼠标指针绘制"浓情端午"文字的笔画，笔画可适当调节粗细，也可进行缩放、旋转等操作，同时注意运笔方向，然后将"端午"的描边色设置为"#231815"，如图3-23所示。

STEP 05 选择"画笔工具" ✎，将描边色设置为"#FFFFFF"，将描边粗细设置为"0.1pt"，将画笔定义设置为"5点圆形"，在笔画两端绘制白色图形装饰笔画，效果如图3-24所示。

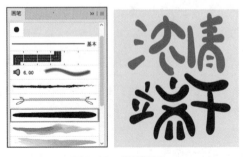

图3-23　绘制笔画　　　　　　　　　　　　　　图3-24　装饰笔画

STEP 06 选择"画笔工具" ✐，将描边色设置为"#E9F3F0"，将描边粗细设置为"1pt"，选择【窗口】/【画笔库】/【艺术效果】/【艺术效果_水彩】命令，打开"艺术效果_水彩"画笔库，选择图3-25所示的画笔，拖曳鼠标指针绘制云雾。

STEP 07 复制"端午节文本.ai"文件中的文本到"'端午节'微信公众号首图"文件中，并将其调整到"浓情端午"文字的右侧，如图3-26所示。保存文件，完成本例的制作。

图3-25 绘制云雾

图3-26 添加文本

3.1.8 使用画笔工具

使用"画笔工具" ✐可以绘制出样式繁多的精美线条和图形，还可以对其画笔样式进行编辑以达到不同的绘制效果。其具体操作方法为：选择"画笔工具" ✐，在控制栏中对填充色、描边色、描边粗细、变量配置文件和画笔定义进行设置，在画板中需要绘制的位置单击并按住鼠标左键不放，向右拖曳鼠标指针绘制图形，释放鼠标左键，即完成图形的绘制，如图3-27所示。

双击"画笔工具" ✐，打开"画笔工具选项"对话框，如图3-28所示。在其中可设置精确度、平滑度、范围，勾选对应的复选框，设置在使用画笔工具绘图时填充新画笔描边、保持选定或编辑所选路径，设置完成后单击 确定 按钮。

1. 使用"画笔"面板

"画笔工具" ✐通常配合"画笔"面板使用。选择【窗口】/【画笔】命令，打开"画笔"面板，如图3-29所示。其中包括了多种类型的画笔，如书法画笔、散点画笔、图案画笔、艺术画笔和毛刷画笔。选择任意一种画笔样式，使用"画笔工具" ✐，就会以对应的画笔样式绘制图形。

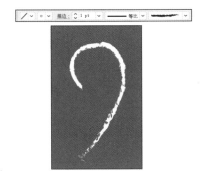

图3-27 使用画笔工具绘制图形

图3-28 "画笔工具选项"对话框

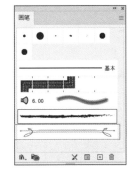

图3-29 "画笔"面板

2. 使用画笔库

若默认"画笔"面板中没有需要的画笔样式，我们可以通过画笔库来打开所需"画笔"面板。画笔库中包含了箭头、艺术效果、装饰、边框、毛刷画笔等多种类型的画笔，可供用户任意调用。选择【窗口】/【画笔库】命令，打开的菜单中将显示一系列的画笔库命令。选择任意命令，可以打开对应的"画笔"面板。例如，选择【窗口】/【画笔库】/【艺术效果】/【艺术效果_水彩】命令，在打开的"画笔"面板中选择一种画笔进行绘制，如图3-30所示。

3. 移去画笔描边

应用画笔样式后，将使用画笔样式描边路径。若想移去画笔描边，我们可以在"画笔"面板中单击"移去画笔描边"按钮 ✕。图3-31所示为移去画笔描边前后的对比效果。

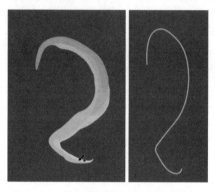

图3-30　使用画笔库　　　　　　　　　　图3-31　移去画笔描边前后的对比效果

> 🔔 **提示**
>
> 使用"画笔工具" 🖌可以绘制只有描边效果的图形。若选择【对象】/【扩展外观】命令，可以将画笔描边效果转换为填充效果；按【Shift+Ctrl+G】组合键取消组合，可以编辑图形外观。而使用"斑点画笔工具" 🖋可以绘制只有填充效果、没有描边效果的图形。

4. 编辑画笔样式

选择需要编辑的画笔，在"画笔"面板中单击"所选对象的选项"按钮 📋，在打开的对话框中可以对画笔的参数进行编辑。不同的画笔类型，编辑的参数也有所不同。图3-32所示为编辑书法画笔的参数，设置完成后单击 确定 按钮，即可使用编辑后的画笔样式。

> 🔔 **提示**
>
> 单击"画笔"面板右上角的 ≣ 图标，在弹出的下拉列表中选择相应命令，也可实现与"画笔"面板右下方按钮一样的功能。

5. 新建画笔

在Illustrator中，除了可以使用系统预设的画笔类型和编辑已有的画笔外，还可以使用新建的画笔。所有类型的画笔，其新建的方法都类似。在画板中选择需要新建为画笔的对象，在"画笔"面板中单击"新建画笔"按钮 ⊞，打开"新建画笔"对话框，单击选中相应的单选按钮，设置画笔类型，如图3-33所示。单击 确定 按钮，在打开的对话框中设置画笔参数，继续单击 确定 按钮，可在"画笔"面板中查看新建的画笔。对于新建后使用效果不佳的画笔，我们可以先选择该画笔，然后在"描边"面板中单击"删除画笔"按钮将其删除。

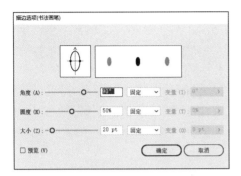

图3-32 编辑书法画笔的参数

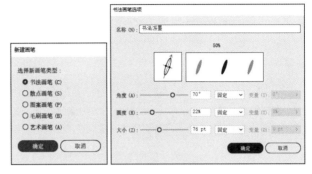

图3-33 新建画笔

技能提升

图3-34所示为某网页的插画图片，请结合本小节所讲知识，分析该作品并进行练习。

（1）网页中的插画都包含哪些形状？这些形状如何进行快速绘制？如何使铅笔工具绘制的线条更加平滑？

_____

_____

（2）尝试利用Shaper工具、铅笔工具、平滑工具，以"努力工作"为主题设计一幅工作插画，从而举一反三，进行思维的拓展与能力的提升。

高清彩图

效果示例

图3-34 网页插画

3.2 使用钢笔工具绘制图形

"钢笔工具" 是绘制矢量图不可或缺的工具之一，也是Illustrator中的核心工具之一。用户使用它可以随心所欲地绘制各种复杂的图形，同时还可以通过编辑锚点、路径来控制图形的精细程度。

3.2.1 课堂案例——绘制 Q 版动漫人物

案例说明： 某博主为加强个人形象的识别，准备根据自身特点设计一款Q版人物形象。要求尺寸为300pt×300pt，可通过包子脸、大眼睛、小身板等来体现人物的呆萌可爱，参考效果如图3-35所示。

高清彩图

知识要点： 钢笔工具、椭圆工具、形状生成器。

素材位置： 素材\第3章\Q版动漫人物手稿.jpg

效果位置： 效果\第3章\Q版动漫人物.ai

图3-35 Q版动漫人物

⚡ **设计素养**

Q版是萌化的一种绘画流派，特点是头大、眼睛大、身体小、形象可爱。在绘制Q版人物时，要注意脸部线条应圆润，画出肉嘟嘟的感觉，同时弱化嘴巴、鼻子等部位，突出显示大眼睛。

其具体操作步骤如下。

STEP 01 新建尺寸为"300pt×300pt"、名称为"Q版动漫人物"的文件，导入"Q版动漫人物手稿"图稿，在控制栏中将不透明度设置为"20%"，选择图稿，然后选择【对象】/【锁定】/【所选对象】命令，将图稿锁定，以便后期使用"钢笔工具" ✏ 绘图，如图3-36所示。

STEP 02 选择"钢笔工具" ✏，设置描边粗细和颜色分别为"1pt、#000000"，在图稿的头发轮廓上单击并按住鼠标左键拖曳鼠标指针确定起点，将鼠标指针移动到头发轮廓第2个锚点的位置，再次单击并按住鼠标左键拖曳绘制曲线，如图3-37所示。若需要绘制直线，我们可以直接单击鼠标左键。

视频教学：
绘制 Q 版动漫
人物

STEP 03 释放鼠标左键，继续单击并拖曳鼠标指针，沿着图稿中的头发绘制出头发轮廓，为使曲线部分贴合图稿，可按住【Ctrl】键不放拖曳锚点的位置进行调整，也可在锚点上单击鼠标左键，拖曳控制线的控制点调整弧度，如图3-38所示。

图3-36 设置图稿

图3-37 绘制曲线

图3-38 调整曲线

STEP 04 继续操作，完成头发轮廓的绘制，设置填充色为"#000000"，效果如图3-39所示。

STEP 05 绘制马尾图形，按【Ctrl+[】组合键将该图形的堆叠顺序向下层移动；选择"椭圆工具" ⬭，绘制圆形作为发夹，更改填充色为"#CE6770"，按【Ctrl+[】组合键将该图形的堆叠顺序向下层移动，效果如图3-40所示。

图3-39 绘制与填充头发

图3-40 绘制马尾和发夹装饰

STEP 06 使用"钢笔工具" ✐绘制高光，取消描边，设置填充色为"#FFFFFF"，如图3-41所示。

STEP 07 使用"钢笔工具" ✐绘制脸部轮廓，设置填充色为"#FDF7EC"，按【Shift+Ctrl+[】组合键将该图形的堆叠顺序置于底层。使用"椭圆工具" ◯、"钢笔工具" ✐绘制脸部元素，设置腮红的填充色为"#F8DDDC"、其他的填充色为"#000000"和"FFFFFFT"。接着设置眉毛和嘴巴线条的粗细值，选择线条，然后选择【窗口】/【描边】命令，在"描边"面板中单击"圆头端点"按钮 ⊡，将端点设置为圆头，如图3-42所示。

图3-41 绘制高光

图3-42 绘制脸部轮廓并设置

STEP 08 使用"钢笔工具" ✐绘制身体大致形状，包括衣服、裙子、袜子、鞋和手脚，注意各部分的叠放层次，设置衣服的填充色为"#DBE5F4"、裙子的填充色为"#6F7FA0"、袜子填充色"#ABB9DB"、鞋子的填充色为"#000000"，效果如图3-43所示。

STEP 09 在衣服上绘制领口细节，包括领子、蝴蝶结和领口皮肤，设置填充色为"#FFFFFF、#FDF7EC"，继续绘制袖口细节，设置暗部的填充色为"#000000"、条纹的填充为"#ACB9DC"，注意调整手臂的叠放层次，效果如图3-44所示。

STEP 10 绘制衣服和裙子上的褶皱线条，增加服装细节，如图3-45所示。选择参考图稿，按【Delete】键删除。保存文件，完成本例的制作。

图3-43 绘制身体大致形状

图3-44 绘制领口和袖口细节

图3-45 绘制褶皱线条

3.2.2 认识路径与锚点

路径是指使用绘图工具创建的直线、弧线、几何形状或由线条组成的轮廓。在Illustrator中，除了"钢笔工具" ✐可以用来绘制路径外，基本绘图工具以及手绘工具都可以用来绘制路径。路径本身没有宽度和颜色，在未被选中的状态下不可见，只有为路径添加了描边粗细和颜色才会变得可见。Illustrator中的路径主要有以下3种。

- 开放路径：开放路径的两个端点没有连接在一起，如图3-46所示。
- 闭合路径：闭合路径没有起点和终点，是一条连续的路径，如图3-47所示。
- 复合路径：复合路径是将几个开放或闭合路径加以组合而形成的路径，如图3-48所示。选中多个路径，选择【对象】/【复合路径】/【建立】命令或按【Ctrl+8】组合键，可以得到复合路径。选中复合路径，选择【对象】/【复合路径】/【释放】命令或按【Alt+Shift+Ctrl+8】组合键，可以释放复合路径。

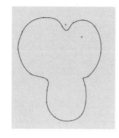

图3-46　开放路径　　　　　　图3-47　闭合路径　　　　　　图3-48　复合路径

路径由锚点和线段组成，对锚点进行编辑可以调整路径的形状。在曲线上，锚点表现为平滑锚点，如图3-49所示。除起始锚点外，其他锚点均有一条或两条控制线，控制线呈现的角度和长度决定了曲线的形状。控制线的端点称为控制点，我们可以通过调整控制点来对曲线进行调整。在直线上，锚点表现为尖角锚点，没有控制线，如图3-50所示。

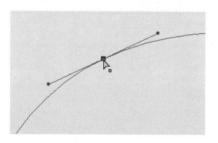
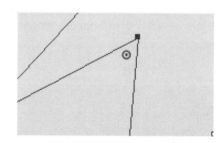

图3-49　平滑锚点　　　　　　　　　　图3-50　尖角锚点

3.2.3　绘制直线

选择"钢笔工具" ，在画板中单击鼠标左键可确定直线的起点，将鼠标指针移动到需要的位置，再次单击鼠标左键可确定直线的终点，在需要的位置再单击左键可确定其他的锚点，从而绘制出折线的效果，如图3-51所示。按【Enter】键结束绘制。

图3-51　绘制直线与折线

3.2.4　绘制曲线

　　选择"钢笔工具" ，在画板中单击并按住鼠标左键拖曳鼠标指针确定曲线的起点，当起点出现控制线时，释放鼠标左键，将鼠标指针移动到第2个锚点的位置，再次单击并按住鼠标左键拖曳鼠标指针，则第2个锚点两端也出现了控制线，并且两个锚点之间出现一条曲线段，随着鼠标指针的移动，曲线段的形状发生变化，释放鼠标左键，继续单击并拖曳鼠标指针，可绘制出一条连续、平滑的曲线，如图3-52所示。按【Enter】键结束绘制。

图3-52　绘制连续、平滑的曲线

3.2.5　编辑锚点

　　在使用"钢笔工具" 绘图的过程中，需要通过编辑锚点不断对路径进行修改。其具体操作方法如下。

- 添加锚点：将鼠标指针移动到路径上，当鼠标指针呈 形状时，单击鼠标左键可添加锚点，如图3-53所示。
- 删除锚点：将鼠标指针移动到路径的锚点上，当鼠标指针呈 形状时，在锚点上单击鼠标左键可以将锚点删除，与此相邻的两个锚点将自动连接，如图 3-54所示。

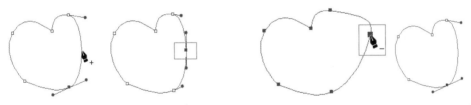

图3-53　添加锚点　　　　　　　　　　　　图3-54　删除锚点

- 转换锚点：将鼠标指针移动到路径的平滑锚点上，按住【Alt】键不放，当鼠标指针呈 形状时，单击鼠标左键可以将其转换为尖角锚点。在平滑锚点上按住鼠标左键不放进行拖曳，可以将其转换为平滑节点，如图3-55所示。
- 移动与调整锚点：按【Ctrl】键切换到"直接选择工具" ，选中锚点并进行拖曳，可以移动锚点。当出现控制线时，通过调整控制点可以对曲线进行调整，如图3-56所示。

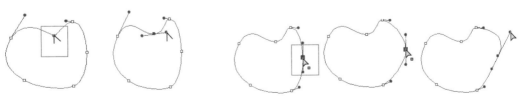

图3-55　转换锚点　　　　　　　　　　　　图3-56　移动与调整锚点

🔔 **提示**

选择"钢笔工具" 🖊️，单击鼠标右键，将展开钢笔工具组，组内包括"添加锚点工具" ✒️、"删除锚点工具" ✒️、"锚点工具" ⌐，这些工具可以用来实现锚点的添加、删除和转换操作。

技能提升

图3-57所示为某网页的插画图片，请结合本小节所讲知识，分析该作品并进行练习。

（1）如何使用钢笔工具快速绘制该插画？该插画的配色有什么特点？

_____

_____

（2）尝试利用钢笔工具绘制小狗插画，从而举一反三，进行思维的拓展与能力的提升。

高清彩图

效果示例

图3-57　网页的插画图片

3.3 编辑路径

Illustrator中提供了多种编辑路径的工具，如剪刀工具、美工刀工具、橡皮擦工具等，同时也提供了多种编辑路径的命令，以帮助用户编辑路径。

3.3.1　课堂案例——制作指纹识别图标

案例说明： 某产品说明书为了展示其指纹识别功能，需要设计一个指纹识别图标。要求尺寸为300pt×300pt，整体造型清晰、美观。为了体现指纹的特点，这里可通过圆头线条来实现，参考效果如图3-58所示。

知识要点： 绘制路径、偏移路径、分割下方对象、剪切路径、剪刀工具、橡皮擦工具。

效果位置： 效果\第3章\指纹识别图标.ai

高清彩图

图3-58　指纹识别图标

设计指纹类线性图标时，粗线条往往给人以粗壮、厚重的感觉，而细线条则给人以精致、透气的感觉。此外，图标太过复杂会显得烦琐，但过度简洁又会失去其应有的识别性。因此在不影响图标识别性的情况下，提升图标的简洁度是关键。

其具体操作步骤如下。

STEP 01 新建尺寸为"300pt×300pt"、名称为"指纹识别图标"的文件，选择"圆角矩形工具" ▢，绘制大小为"100pt×100pt"、圆角半径为"25pt"的圆角矩形，设置填充色为"#C53A86"，取消描边，选择【对象】/【锁定】/【所选对象】命令，锁定圆角矩形；选择"椭圆工具" ◯，绘制大小为"80pt×80pt"的圆，取消填充，设置描边粗细和颜色分别为"4pt、#FFFFFF"，如图3-59所示。

视频教学：
制作指纹识别
图标

STEP 02 选择"直接选择工具" ▷，选择圆形，然后选择"路径橡皮擦工具" ✐，涂抹多余的线条将其删除，保留图3-60所示的线条。

STEP 03 选择线条，然后选择【窗口】/【描边】命令，在"描边"面板中单击"圆头端点"按钮 ⊏，将端点设置为圆头，如图3-61所示。

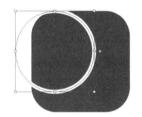  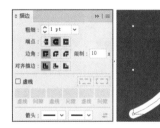

图3-59 绘制圆角矩形和圆　　图3-60 删除多余线条　　图3-61 修改曲线端点

STEP 04 选择【对象】/【路径】/【偏移路径】命令，打开"偏移路径"对话框，设置位移为"8pt"、连接为"圆角"、斜接限制为"4"，单击 确定 按钮，查看偏移路径效果，重复执行两次"偏移路径"命令，得到图3-62所示的效果。

图3-62 偏移路径

STEP 05 选择"椭圆工具" ◯，绘制椭圆，取消填充，设置描边粗细和颜色，选择【对象】/【路径】/【分割下方对象】命令，使用椭圆切割下层图形，如图3-63所示。

STEP 06 选择中心的线条，然后选择"剪刀工具" ✂，将鼠标指针移动到与分割点交叉的位置单击鼠标左键，将线条剪成两段，选择下段线条，按【Delete】键删除，如图3-64所示。

图3-63　分割下方对象

图3-64　使用剪刀工具剪切路径

STEP 07 选择"直接选择工具" ▷ ，框选分割线上的锚点，将其全部选中，在控制栏中单击"在所选锚点处剪切路径"按钮 ✂ ，选择每小段切割线，按【Delete】键删除，此时指纹图标如图3-65所示。

STEP 08 选择"选择工具" ▶ ，依次选择指纹线条，使用橡皮擦工具涂抹擦除多余线条，使指纹效果更加逼真。框选指纹图标，拖曳四角调整大小，将其移动到圆角矩形的中间位置；选择文字工具，在圆角矩形下方输入文字，设置文字属性为"Acumin Variable Concept、17pt、#515252"，如图3-66所示。保存文件，完成本例的制作。

图3-65　在所选锚点处剪切路径并删除多余路径

图3-66　擦除多余线条并输入文字

3.3.2　使用剪刀工具、美工刀工具

使用"剪刀工具" ✂ 和"美工刀工具" 🖋 可以快速将单个路径分割成多个路径。其具体操作方法如下。

- 剪刀工具：绘制一段路径，选择"剪刀工具" ✂ ，在路径上任意一点单击鼠标左键，路径就会从单击的位置被剪切为两条路径。图3-67所示为移动其中一条路径，查看路径被分割为两个部分的效果。
- 美工刀工具：绘制一段闭合路径，选择"美工刀工具" 🖋 ，在起始位置按住鼠标左键不放，拖曳鼠标指针绘制穿过闭合路径的分割线，释放鼠标左键，闭合路径则被裁切为两个闭合路径。图3-68所示为将分割后一部分闭合路径填充为其他颜色的效果。

图3-67　路径被分割为两部分的效果

图3-68　分割闭合路径后更改颜色的效果

3.3.3 使用"路径"命令

选择【对象】/【路径】命令,打开的"路径"子菜单中提供了多种编辑路径的命令。其具体操作方法如下。

- 连接路径:选择"直接选择"工具,按住【Shift】键不放依次框选路径上需要连接的两个端点,选择【对象】/【路径】/【连接】命令或按【Ctrl+J】组合键,两个端点之间将出现一条直线段,把开放路径连接起来,如图3-69所示。
- 平均路径:选中不同路径上需要平均分布的多个锚点,选择【对象】/【路径】/【平均】命令或按【Ctrl+Alt+J】组合键,打开"平均"对话框,单击选中对应的单选按钮设置平均分布方式,单击 确定 按钮。图3-70所示为水平方向平均分布路径的效果。

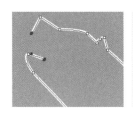

图3-69 连接路径　　　　　　　　　　图3-70 水平方向平均分布路径的效果

- 轮廓化描边:选择路径,然后选择【对象】/【路径】/【轮廓化描边】命令,此时可再次设置描边粗细和颜色,为路径的轮廓添加描边效果。图3-71所示为轮廓化描边前后的对比效果。
- 偏移路径:选中要通过偏移创建新路径的原始路径,选择【对象】/【路径】/【偏移】命令,打开"偏移路径"对话框,设置新路径位移值,正值表示原始路径向外部偏移,负值表示原始路径向内部偏移,设置新路径拐角的"连接"和"斜接限制",单击 确定 按钮,如图3-72所示。

图3-71 轮廓化描边前后的对比效果　　　　　图3-72 偏移路径

- 反转路径方向:选择【对象】/【路径】/【反转路径方向】命令,反转路径,可将终点变为起点。
- 简化路径:选择需要删去多余锚点的路径,然后选择【对象】/【路径】/【简化】命令,打开"简化"对话框,可拖曳滑块设置路径简化度,如图3-73所示。
- 添加、移去锚点:选中要添加锚点的路径,选择【对象】/【路径】/【添加锚点】命令,可以在两个相邻的锚点中间添加一个锚点。重复该命令,可以添加更多的锚点。使用"直接选择工具" ▷选择需要删除的多个锚点,然后选择【对象】/【路径】/【移去锚点】命令,可以删除选中的锚点。
- 分割下方对象:选择一个对象作为被分割对象,绘制一个开放路径作为分割对象,将其放在被分割对象之上,选择【对象】/【路径】/【分割下方对象】命令,完成切割。图3-74所示为使用线条分割下方对象的效果。

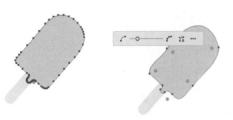

图3-73　简化路径

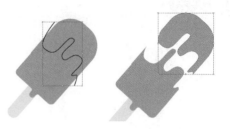

图3-74　分割下方对象的效果

● 分割为网格：选择需要分割为网格的对象，然后选择【对象】/【路径】/【分割为网格】命令，打开"分割为网格"对话框，设置行列数量、高度和宽度等，单击 确定 按钮，可以将所选择对象分割为网格，如图3-75所示。

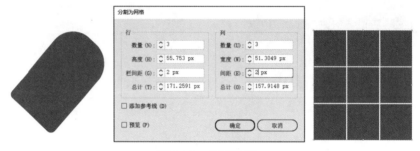

图3-75　分割为网格

● 清理：当文档中出现游离点（游离点是指可以有路径属性但不能打印的点，使用"钢笔工具" 有时会产生游离点）、未上色对象和空文本路径等多余对象时，选择【对象】/【路径】/【清理】命令，打开"清理"对话框，设置清除对象，单击 确定 按钮，系统将会自动在文档中清理设置的清除对象。

3.3.4　使用橡皮擦工具

使用"橡皮擦工具" 可以删除部分路径或形状。选择需要擦除的对象，然后选择"橡皮擦工具" ，按键盘上的【[】键或【]】键可以调整橡皮擦的大小，在选中的对象上拖曳鼠标指针，会沿着鼠标指针的轨迹擦除对象。图3-76所示为使用"橡皮擦工具" 删除路径前后的效果；图3-77所示为使用"橡皮擦工具" 删除部分形状的效果。

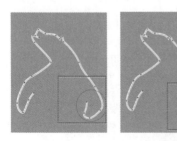

图3-76　删除路径前后的效果

图3-77　删除部分形状的效果

技能
提升

图3-78所示为某网页冰激凌插画，请结合本小节所讲知识，分析该作品并进行练习。

（1）插画中的图形用什么工具可以实现精确绘制？要快速实现图3-78中的分割效果，需要用到路径的哪些操作？

_____

_____

（2）尝试利用绘图工具、路径切割、轮廓化描边、切割下层对象和橡皮擦工具等操作设计一个冰激凌图标，从而举一反三，进行思维的拓展与能力的提升。

高清彩图

效果示例

图3-78　网页冰激凌插画

3.4 课堂实训

3.4.1 制作山楂片瓶贴

1. 实训背景

春季即将来临，某食品公司计划为山楂片瓶子更换带有春天气息的瓶贴，以吸引消费者的眼球。要求该瓶贴插画尺寸为600pt×600pt，包含商品名称、净含量文字，以及广告词信息，设计效果自然清新，版面主次分明。

2. 实训思路

（1）确定主题和风格。以"山楂片"为主题，可通过绘制山楂插画来体现主题。制作前可以搜集山楂的相关图片，为后面绘制山楂做好准备，然后参考山楂片的特点与功效确定瓶贴风格。本例考虑采用以绿色为主的清新风格。

（2）插画绘制。首先根据瓶贴尺寸确定插画的尺寸，设计插画的版式。本例考虑在瓶贴四周绘制红色成串的山楂，添加绿叶和树枝衬托山楂，在中间空白区域放置需要展示的信息，如图3-79所示。

（3）文字排版设计。使用"方正稚艺_GBK"字体来排版文字，笔画中的点与山楂的圆相呼应，整体和谐、统一，又不失美感；使用"方正韵动中黑简体"字体展现广告词，如图3-80所示。

本实训完成后的参考效果如图3-81所示。

高清彩图

图3-79　插画绘制　　　　图3-80　文本排版　　　　图3-81　参考效果

效果位置： 效果\第3章\山楂片瓶贴.ai

3. 步骤提示

视频教学：
制作山楂片瓶贴

STEP 01 新建尺寸为"600pt×600pt"、名称为"山楂片瓶贴"的文件。

STEP 02 选择合适的绘图工具绘制背景，包括山楂、绿叶、树枝等。本例中，树叶、树枝采用"铅笔工具" ✏ 绘制。为了使"铅笔工具" ✏ 绘制的线条更加平滑，我们需要使用"平滑工具" ✏ 设置平滑值。

STEP 03 绘制叶脉和树枝时，需要设置线条描边的变量宽度配置文件，使笔画呈现的效果更加美观。若绘制一段线条后，立即为其设置变量宽度配置文件会太过麻烦，我们可以在完成树枝或叶脉的绘制后，通过选择相同颜色属性的对象绘制树枝或叶脉，然后在控制栏中统一设置变量宽度配置文件。

STEP 04 采用"椭圆工具" ⬭ 绘制较大的山楂，注意调整山楂的颜色，使近处的山楂有层次感。使用"画笔"面板中的"新建画笔" ⊞，将已绘制好的山楂创建为画笔，用于绘制小山楂图形，从而提高绘图效率。

STEP 05 使用"钢笔工具" ✒ 绘制山丘，填充不同深浅的绿色，装饰页面四周空白处，并置于底层。

STEP 06 使用"文字工具" T 和"直排文字工具" IT 输入需要展示的信息，设置文字属性，再使用线条装饰文字。保存文件，完成本例的制作。

3.4.2　绘制"下雨"主题活动招贴

1. 实训背景

幼儿园小班要开展"下雨"主题活动，让小朋友感知雨天的自然景象。为了吸引家长参加，幼儿园准备设计一张389mm×546mm的"雨天"主题活动招贴，并将其张贴于校园门口。考虑到活动的主人公为小朋友，招贴可采用插画风格进行设计，结合可爱的雨滴，营造欢快的氛围。

2. 实训思路

（1）确定风格和配色。"下雨"主题活动招贴采用插画风格，可在主题周围添加插画，增强文字信息的趣味性和易看性，从而在图文配合中营造下雨氛围。此外，该招贴的色调可采用青色，青色具有宁静、纯净的色彩情感，便于烘托雨天氛围。辅助色可以选择青色的相近色，用于装饰主色图形，还可以少量使用青色的对比色黄色，达到提高画面冲击力的效果。

（2）插画场景布置。本例的主题为"下雨"，因此可绘制云朵、雨滴、雨伞等元素，以构建下雨场景，如图3-82所示。

（3）添加文字。选择"方正稚艺_GBK"字体作为主题字体，对主题文字进行放大突出显示；副标题文字利用黄色圆角矩形框进行装饰，布局在版面正上方；整个画面利用云朵、雨滴等小元素进行装饰。

本实训完成后的参考效果如图3-83所示。

图3-82　场景布置

图3-83　参考效果

高清彩图

效果位置：效果\第3章\"下雨"主题活动招贴.ai

3.步骤提示

STEP 01 新建尺寸为"389mm×546mm"、名称为"'下雨'主题活动招贴"的文件，绘制与画板相同大小的青色矩形，通过偏移路径得到缩小的矩形，更改为较深的青色作为招贴背景。

视频教学：
绘制"下雨"
主题活动招贴

STEP 02 使用"钢笔工具"🖊绘制白色伞柄，使用"椭圆工具"⬭绘制伞面半圆，继续在伞面下边缘绘制多个圆，通过"路径查找器"面板使用多个圆裁剪伞面。然后绘制线条，通过"路径查找器"面板分割伞面，间隔填充为青色，形成条纹伞面效果，如图3-84所示。

图3-84　绘制雨伞

STEP 03 使用"椭圆工具"⬭绘制圆，通过"路径查找器"面板对路径进行集成，得到云朵图层，设置左上角云朵的不透明度。

STEP 04 使用"铅笔工具"✏绘制用于装饰的水渍、树林、雨滴图形，选择水渍、树林图形，按【Ctrl+[】组合键向下层移动，完成场景的绘制。

STEP 05 选择"文字工具" T 和"直排文字工具" IT，输入与主题相关信息，设计文字版式，设置文字属性。选择"圆角矩形工具" ▢，绘制黄色圆角矩形装饰副标题文字。保存文件，完成本例的操作。

3.5 课后练习

练习 1 制作手机锁屏界面

某手机品牌需要为手机设计一款简约的锁屏界面，要求以"DREAM"为主题，尺寸为300pt×300pt。制作时可以粉红色作为主题色，将草莓拟人化并作为主体图像，使用"钢笔工具" ✐绘制出拟人化草莓形象为梦想努力奔跑的画面感。本练习完成后的参考效果如图3-85所示。

效果位置： 效果\第3章\手机锁屏界面.ai

练习 2 制作文艺休闲茶饮手提袋插画

某茶叶公司需要为外卖茶饮手提袋设计插画，要求以"休闲茶饮"为主题，尺寸为400pt×558pt，插画色彩鲜明。制作时可使用"钢笔工具" ✐绘制一个举着茶杯喝茶的人物，以蓝色为主色调，作为背景和裤子的颜色等；以红色为辅助色，作为外套的颜色；以白色、黄色、绿色为点缀色。最后添加文字信息。本练习完成后的参考效果如图3-86所示。

效果位置： 效果\第3章\文艺休闲茶饮手提袋插画.ai

图 3-85 手机锁屏界面

图 3-86 文艺休闲茶饮手提袋插画

第 4 章

对象的管理

设计一些复杂或大型的作品时，往往需要用到大量的对象。为了方便管理这些对象，用户可以对这些对象进行对齐与分布、编组、锁定或隐藏等操作，也可以通过"图层"面板和蒙版对这些对象的显示和上下堆叠顺序进行编辑，使这些对象在画板中的排列更加有序，使自己的设计工作更加得心应手。

📖 学习目标

◎ 掌握对齐与分布对象的方法

◎ 掌握编组、锁定与隐藏对象的方法

◎ 掌握使用"图层"面板和蒙版的方法

◈ 素养目标

◎ 养成良好的对象管理习惯，提高设计工作的条理性

◎ 深入理解管理对象操作在设计作品中的重要性

◈ 案例展示

制作家居画册封面

制作放射背景

制作国风护肤品直播海报

4.1 对齐与分布对象

在绘图过程中，经常需要对多个对象进行排列，使画面整洁且具有律动美感。Illustrator中不仅提供了标尺、辅助线和网格等工具来辅助对齐与分布对象，还在“对齐”面板中设置了多种对齐和分布对象的方式，以帮助用户提高对齐与分布对象的操作效率。

4.1.1 课堂案例——制作家居画册封面

案例说明：“白杨家居”品牌为宣传产品，需要设计一本家居画册。现要求根据提供的商品图片设计画册封面，尺寸为A4大小，版面整洁、美观。设计时可考虑通过对齐与分布对象、参考线来排版封面中的元素，参考效果如图4-1所示。

知识要点：对齐对象、分布对象、标尺、参考线。

素材位置：素材\第4章\家居画册封面信息.ai、家居.tif

效果位置：效果\第4章\家居画册封面.ai

高清彩图

图4-1 家居画册封面

设计素养

设计画册时，需要先定位主题、风格，然后考虑细节、排版、辅助内容和色调等的搭配。可以说，画册设计综合了文字、图片、色彩等视觉因素。一本优秀的画册不仅版面美观，而且图片清晰，文字描述到位，可以给用户留下深刻的印象，充分展现品牌风貌及实力。

其具体操作步骤如下。

STEP 01 新建尺寸为“210mm×297mm”、名称为“家居画册封面”的文件，选择“矩形工具”，绘制宽为“27mm”、高为“100mm”的矩形，设置填充色为“#F7D272”，取消描边，按【Ctrl+C】组合键复制，按【Ctrl+V】组合键粘贴，得到3个属性相同的矩形，如图4-2所示。

STEP 02 框选所有矩形，选择【窗口】/【对齐】命令，打开“对齐”面板，在“对齐对象”选项组中单击“垂直顶对齐”按钮，使所有矩形垂直顶对齐，效果如图4-3所示。

视频教学：制作家居画册封面

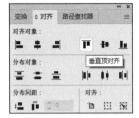

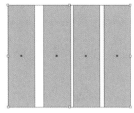

图4-2 绘制并复制矩形 图4-3 垂直顶对齐矩形

STEP 03 框选所有矩形，再选择左侧第一个矩形作为参考对象，在"对齐"面板的"分布间距"选项组中单击"水平分布间距"按钮，设置分布距离为"2mm"，4个矩形将按设置的间距水平均匀分布，如图4-4所示。

STEP 04 框选所有矩形，单击鼠标右键，在弹出的快捷菜单中选择"建立复合路径"命令，将其作为一个整体，如图4-5所示。

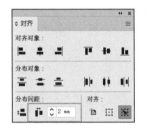

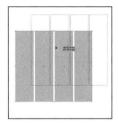

图4-4 设置矩形水平分布间距 图4-5 建立复合路径

STEP 05 选中复合路径，并移动到合适的位置，在"对齐"面板的"对齐对象"选项组中单击"水平居中对齐"按钮，使矩形在画板中水平居中对齐，效果如图4-6所示。

STEP 06 选择【文件】/【置入】命令，在打开的文件窗口中双击"家居.tif"图片，然后在画板中单击鼠标左键置入该图片。在控制栏中单击 嵌入 按钮嵌入图片，接着拖曳图片四角的控制点调整图片大小，使其覆盖复合路径区域，按【Shift+Ctrl+[】组合键将图片置于底层，同时选择复合路径和图片，单击鼠标右键，在弹出的快捷菜单中选择"建立剪切蒙版"命令，如图4-7所示。

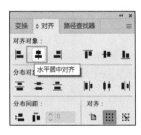

图4-6 水平居中对齐矩形 图4-7 为图片建立剪切蒙版

STEP 07 打开"家居画册封面信息.ai"文件，按【Ctrl+C】组合键复制"家居画册封面信息.ai"文件中的内容，按【Ctrl+V】组合键粘贴到"家居画册封面"文件中，并移动到合适的位置，分别设置水平居中对齐，效果如图4-8所示。

STEP 08 按【Ctrl+R】组合键，显示出标尺，使用鼠标指针在垂直标尺上向画板中的图片两侧拖曳，创建两条垂直参考线，框选中间的文本信息，向参考线处拖曳右上角控制点，调整文本信息大小，使其两侧的边缘与图片两侧的边缘对齐，使画板更加整齐美观，效果如图4-9所示。按【Ctrl+;】组合键隐藏辅助线。保存文件，完成本例的制作。

图4-8　添加并水平居中其他封面内容　　　　　图4-9　创建参考线并调整文本大小

4.1.2　使用标尺、参考线和网格对齐对象

Illustrator中提供了标尺、参考线和网格等工具，这些工具可以帮助用户对所绘制和编辑的对象进行对齐。

- 标尺：显示标尺后可以方便地创建参考线。选择【视图】/【标尺】/【显示标尺】命令或按【Ctrl+R】组合键，可显示标尺，再次选择该命令可隐藏标尺。选择【编辑】/【首选项】/【单位】命令，打开"首选项"对话框，在"常规"选项的下拉列表中可以设置标尺的显示单位，如图4-10所示。
- 参考线：使用鼠标指针在水平或垂直标尺上向画板中拖曳可以快速创建参考线。创建参考线后，参考线可以移动、删除，而移动对象会被自动吸附到参考线上，并排列整齐。图4-11所示为创建参考线后，左对齐对象的效果。选择【视图】/【智能参考线】命令或按【Ctrl+U】组合键，在绘制、移动、变换对象等情况下自动显示智能参考线。

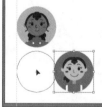

图4-10　设置标尺的显示单位　　　　　图4-11　使用参考线左对齐对象的效果

🔔 提示

　　选择【视图】/【参考线】菜单中的子命令还可以执行释放参考线、隐藏参考线、锁定参考线、清除参考线等操作。此外，选中路径，选择【视图】/【参考线】/【建立参考线】命令或按【Ctrl+5】组合键，可以将选中的路径转换为参考线进行使用。

- 网格：选择【视图】/【显示网格】命令或按【Ctrl+"】组合键可显示网格，选择【视图】/【隐藏网格】命令或按【Ctrl+"】组合键可将网格隐藏。选择【编辑】/【首选项】/【参考线和网格】命令，打开"首选项"对话框，如图4-12所示。在其中可以设置参考线的颜色和样式，也可以设置网格的颜色、样式、间隔等参数，单击对话框右下角的 确定 按钮完成设置。图4-13所示为使用网格对齐与分布对象的效果。

图4-12 "首选项"对话框

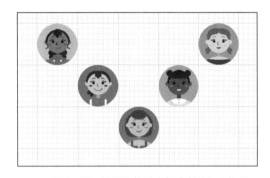

图4-13 使用网格对齐与分布对象的效果

4.1.3 使用"对齐"面板对齐对象

使用"对齐"面板可以快速、有效地对齐多个对象。选择【窗口】/【对齐】命令，打开"对齐"面板，如图4-14所示。"对齐对象"选项组中包括6种对齐命令按钮，分别为"水平左对齐"按钮、"水平居中对齐"按钮、"水平右对齐"按钮、"垂直顶对齐"按钮、"垂直居中对齐"按钮、"垂直底对齐"按钮。选择需要对齐的多个对象，单击相应按钮，可实现相应的对齐操作。图4-15所示为单击"垂直顶对齐"按钮，将选择的多个对象垂直顶对齐前后的对比效果。

图4-14 "对齐"面板

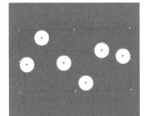 

图4-15 垂直顶对齐前后的对比效果

4.1.4 使用"对齐"面板分布对象

分布对象是指将对象按相等的间距分布。"对齐"面板中的"分布对象"选项组包括6种分布命令按钮，分别为"垂直顶分布"按钮、"垂直居中分布"按钮、"垂直底分布"按钮、"水平左分布"按钮、"水平居中分布"按钮、"水平右分布"按钮。选择需要分布的多个对象，单击对应按钮，可实现相应的分布操作。图4-16所示为单击"垂直居中分布"按钮，对选择的多个圆进行垂直居中分布前后的对比效果。

要精确设置对象间的分布距离，就要选取需分布的多个对象，然后在所选取对象中的任意一个对象上单击鼠标左键，可将其作为其他对象分布时的参照，接着在"对齐"面板的"分布间距"选项组中设置分布距离，单击"垂直分布间距"按钮，将按设置的距离垂直分布间距；单击"水平分布间距"按钮，将按设置的距离水平分布间距。图4-17所示为将所选对象以黄色圆作为参考对象，设置间距为"2px"，单击"垂直分布间距"按钮，得到按设置的距离垂直分布的效果。

图4-16　垂直居中分布前后的对比效果

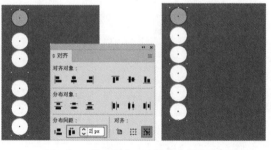

图4-17　按设置的距离垂直分布的效果

技能提升

图4-18所示为某食品店铺首页，请结合本小节所讲知识，分析该作品并进行练习。

（1）该店铺首页中的小元素应用了哪些对齐和分布的方式？如何快速实现这些对齐和分布操作？

（2）尝试利用"对齐"面板、参考线对齐素材中的元素（素材位置：素材\第4章\包\），制作女包产品分类模块，从而举一反三，进行思维的拓展与能力的提升。

高清彩图

效果示例

图4-18　食品店铺首页

4.2
编组、锁定与隐藏对象

在Illustrator中，可以将多个相关联的对象组合为一个整体归置在一起，以便管理和选择，也可以将暂时不需要的对象锁定或隐藏起来，使其不影响对其他对象的操作。

4.2.1 课堂案例——绘制香蕉图标

案例说明:某App的界面设计中需要用到一款香蕉图标,要求根据香蕉外观进行设计,尺寸为300pt×300pt,色彩鲜明。绘制时可参考"香蕉"图片,并且为了体现色彩鲜明,可搭配黄色、白色、黑色进行设计,参考效果如图4-19所示。

高清彩图

图4-19 香蕉图标

知识要点:编组对象、锁定对象、隐藏对象。

素材位置:素材\第4章\香蕉.jpg

效果位置:效果\第4章\香蕉图标.ai

✍ **设计素养**

日常设计中,很多图标都参考了实物产品的外观。为了得到形象、生动的产品形状图,设计时可以将产品图片置入文件中,然后使用绘图工具根据产品轮廓来勾勒外观。

其具体操作步骤如下。

STEP 01 新建尺寸为"300pt×300pt"、名称为"香蕉图标"的文件,选择【文件】/【置入】命令,在打开的对话框中双击"香蕉.jpg"图片,然后在画板中单击鼠标左键置入该图片,在控制栏中单击 嵌入 按钮嵌入该图片,选择【对象】/【锁定】/【所选对象】命令,锁定图片,使其无法被选中或编辑,如图4-20所示。

视频教学:
绘制香蕉图标

STEP 02 使用"钢笔工具" ✎绘制香蕉轮廓,取消填充色,设置描边色为"#FFFFFF",如图4-21所示。为了方便观察与调整路径,选择【对象】/【全部解锁】命令,将香蕉图片解锁,选择香蕉图片,然后选择【对象】/【隐藏】/【所选对象】命令,将其隐藏。

STEP 03 选择"圆角矩形工具" ▢,绘制宽度、高度均为"80pt"的圆角矩形,调整圆角半径,设置填充色为"#EBCC4E",按【Shift+Ctrl+[】组合键将其置于底层,将绘制的香蕉轮廓拖曳到圆角矩形中间,设置填充色为"#000000",取消描边,按【Ctrl+C】组合键和【Ctrl+V】组合键复制并粘贴一个图形,更改填充色为"#FFFFFF",设置描边色为"#000000"、描边粗细为"1pt",调整位置后得到图4-22所示的香蕉图标。

STEP 04 使用"选择工具" ▶框选香蕉图标,单击鼠标右键,在弹出的快捷菜单中选择"编组"命令,对香蕉图标进行编组,如图4-23所示。移动香蕉图标到画板中心位置,保存文件完成本例的操作。

图4-20 置入并锁定参考图片

图4-21 绘制香蕉轮廓

图4-22 绘制图标

图4-23 编组图标

4.2.2　编组对象

选中要编组的对象，选择【对象】/【编组】命令或按【Ctrl+G】组合键，将选择的对象组合。将整个图标组合后，使用"选择工具"不能单击选择并移动香蕉轮廓，只能选择并移动整个组合对象。如果需要单独选择并编辑组合中的个别对象，此时可以使用"编组选择工具" 单击鼠标左键完成。当不需要编组时，选择【对象】/【取消编组】命令或按【Shift+Ctrl+G】组合键，取消组合对象。图4-24所示为编组对象前后的区别。

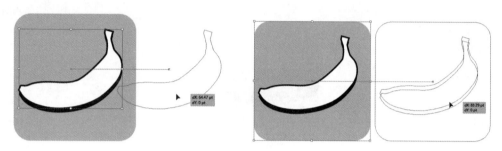

图4-24　编组对象前后的区别

4.2.3　锁定对象

在编辑复杂的图形时，我们可以将一些编辑好的对象锁定，防止误选，使其不影响对其他对象的操作。选中需要锁定的对象，选择【对象】/【锁定】/【所选对象】命令或按【Ctrl+2】组合键，将所选对象锁定。锁定对象不能被选中，也不能被编辑。若需要解锁对象，选择【对象】/【全部解锁】命令或按【Alt+Ctrl+2】组合键即可。

🔔 提示

如果图形中包含重叠对象，选中位于底层的对象，选择【对象】/【锁定】/【上方所有图稿】命令，即可锁定该对象所在区域有所重叠且位于同一图层中的所有对象。选择【对象】/【锁定】/【其他图层】命令，除了选中图层外，其他图层都将被锁定。

4.2.4　隐藏对象

在编辑复杂的图形时，我们可以将当前不需要操作或已经编辑好的对象隐藏起来，以免影响对其他对象的操作。选中要隐藏的对象，选择【对象】/【隐藏】/【所选对象】命令或按【Ctrl+3】组合键，所选对象将被隐藏起来。当需要显示被隐藏的对象时，选择【对象】/【显示全部】命令或按【Alt+Ctrl+3】组合键即可。如果文件中包含重叠对象，选中底层的对象，选择【对象】/【隐藏】/【上方所有图稿】命令，即可隐藏该对象所在区域有重叠且位于同一图层中的所有对象。选择【对象】/【隐藏】/【其他图层】命令，除了选中图层外，其他图层都将被隐藏。

图4-25所示为某中外合资学校的图标，请结合本小节所讲知识，分析该作品并进行练习。

（1）为提高工作效率，该图标中的哪些元素可以在绘图过程中进行编组、锁定与隐藏？

高清彩图

（2）尝试绘制圆，输入"AC"文字，以圆为中心在四周绘制放射线条，对中心圆和文字进行锁定，对放射线条进行编组，制作放射线图标。要求线条的长短富有变化，具有艺术性，从而举一反三，进行思维的拓展与能力的提升。

效果示例

图4-25 某学校的图标

4.3 使用"图层"面板和蒙版

在编辑复杂的图形时，有很多元素需要通过多次调整叠放顺序来控制显示效果。为了提高工作效率，我们可以使用"图层"面板管理与控制对象的叠放顺序或利用蒙版来控制对象的显示区域。

4.3.1 课堂案例——制作放射背景

案例说明：某电商网站在国庆节前需要设计海报，用于宣传"国庆焕新周 全场低至5折"的节日促销信息。现要求根据提供的文案信息，设计一张放射背景来突出显示信息，尺寸为宽180mm、高115mm，参考效果如图4-26所示。

知识要点："图层"面板、剪切蒙版。

素材位置：素材\第4章\文案.ai

效果位置：效果\第4章\放射背景.ai

高清彩图

图4-26 放射背景

 设计素养

放射背景能起到凸显主题的作用，被广泛应用于海报、网页Banner、图标等平面设计作品中。制作放射背景时，放射线条的颜色需要根据主题的颜色进行调整，以起到突出主题、装饰画面的作用。

其具体操作步骤如下。

STEP 01 新建尺寸为"180mm×115mm"、名称为"放射背景"的文件，选择"矩形工具" ▣，绘制与画板同等大小的矩形，设置填充色为"#7ECEF4"。双击"极坐标网格工具" ◉，打开"极坐标网格工具选项"对话框，设置同心圆分隔线数量为"0"、径向分隔线数量为"12"，单击 确定 按钮，绘制极坐标网格图形，调整大小，覆盖矩形背景，如图4-27所示。

视频教学：
制作放射背景

STEP 02 按【Shift+Ctrl+G】组合键，取消极坐标网格图形组合对象，选择极坐标网格图形中的圆，按【Delete】键删除，得到射线效果，在控制栏中将描边粗细设置为"80pt"、将变量宽度配置文件设置为三角形样式，如图4-28所示。

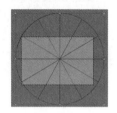

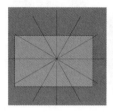

图4-27　绘制极坐标网格图形　　　　　　　　　图4-28　删除圆并设置线条

STEP 03 选择【对象】/【路径】/【反转路径方向】命令，反转射线路径，变终点为起点，如图4-29所示。选择【对象】/【路径】/【轮廓化描边】命令，将描边转换为可填充的对象，设置填充色为"#C7E8FA"，如图4-30所示。

STEP 04 选择矩形，按【Ctrl+C】组合键和【Ctrl+F】组合键原位复制并粘贴，同时选择射线和顶层的矩形，单击鼠标右键，在弹出的快捷菜单中选择"建立剪切蒙版"命令，得到射线在矩形中的显示效果，如图4-31所示。

图4-29　反转路径方向　　　　图4-30　轮廓化描边路径　　　　图4-31　建立剪切蒙版

STEP 05 选择【窗口】/【图层】命令，打开"图层"面板，双击"图层1"图层名称处，将名称更改为"背景"，接着单击"新建图层"按钮 ⊞，新建"图层2"图层，再打开"文案.ai"文件，将文件内的图形移动到"放射背景"文件的"图层2"图层上，如图4-32所示。

STEP 06 新建图层，再将"文案.ai"文件中的主文案依次粘贴到"放射背景"文件的"图层3"图层上。此时，发现文案下层需要绘制底纹。选择"图层2"图层，绘制文案大小的圆角矩形，设置填充色为"#1D2088"，绘制的圆角矩形将位于文字下层，如图4-33所示。保存文件，完成本例的制作。

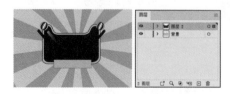

图4-32　重命名与新建图层　　　　　　　　　图4-33　使用"图层"面板控制叠放层次

4.3.2　调整对象和图层叠放顺序

一般来说，后绘制的对象会默认显示在先绘制的对象之上。而在实际操作中，用户可以根据需要改变对象之间的堆叠顺序。选择【对象】/【排列】命令，弹出的菜单中包含了"置于顶层""前移一层""后移一层""置于底层""发送至当前图层"等命令，这些命令可以用于改变对象的排序。图4-34所示为将白色香蕉后移一层的效果。

图4-34　将白色香蕉后移一层的效果

⌂ 提示

　　设计时，利用快捷键调整对象顺序可以提高制作效率。选中对象后，按【Ctrl+]】组合键将该对象前移一层；按【Ctrl+[】组合键将该对象后移一层；按【Shift+Ctrl+]】组合键将该对象置于顶层；按【Shift+Ctrl+[】组合键将该对象置于底层。

4.3.3　使用"图层"面板控制对象

在进行平面设计时，将不同类型的元素放置在不同的图层上，可以对作品进行有序的管理。选择【窗口】/【图层】命令，打开"图层"面板，在其中可以对图层和对象进行各种操作。

- 编辑图层：新建的文档默认只有一个图层，用户可以根据需要创建多个图层，将文档中的元素分别放置到不同的图层上。选中一个图层，在"图层"面板中单击"新建图层"按钮回，在选中图层的上方将新建一个图层，双击图层名称处可修改图层名称，如图4-35所示。选中已有图层，按住鼠标左键不放拖曳到"新建图层"按钮回上，可以复制已有图层；选中已有图层，单击"删除所选图层"按钮回，可以删除图层。
- 在图层之间移动对象：选中对象，"图层"面板对象所在图层的右侧会出现一个彩色小方块，在彩色小方块上按住鼠标左键不放将其拖曳到目标图层上，可将该对象图层移动到目标图层上，如图4-36所示。

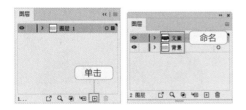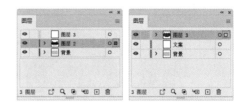

图4-35　新建并重命名图层　　　　图4-36　在图层之间移动对象

- 改变图层的排列顺序：在"图层"面板中按住鼠标左键不放拖曳该图层，可以改变该图层的排列顺序，并且该图层上对象的排列顺序也会发生改变。
- 隐藏和显示图层：当显示图层时，图层前面有一个眼睛图标●，在该图标上单击鼠标左键，该图标消失，此图层被隐藏；再次在原位置单击鼠标左键，眼睛图标 ◉ 出现，此图层又被显示出来。

- 锁定和解锁图层：每一个图层的眼睛图标 ◉ 后面还有一个空格区域，在此区域单击鼠标左键出现锁形图标 🔒，表示该图层被锁定；再次单击鼠标左键锁形图标 🔒 消失，表示该图层已解锁，即可被编辑。

4.3.4　使用剪切蒙版控制显示范围

将一个对象作为蒙版后，对象的内部会变得完全透明，只能用于显示下面的内容，同时也可以遮挡住下面内容不需要显示的部分。在需要创建剪切蒙版的内容上，绘制一个图形对象作为蒙版，将蒙版移动到内容上层，使用"选择工具" ▶，同时选中内容和蒙版图形，选择【对象】/【剪切蒙版】/【建立】命令或按【Ctrl+7】组合键，制作出蒙版效果，内容将在蒙版内部显示，超出蒙版的部分则被隐藏。图4-37所示为使用圆对象作为蒙版为内容创建剪切蒙版的效果，可以看到圆外部的区域被隐藏。

图4-37　创建剪切蒙版

> 💡 提示
>
> 　在选中的对象上单击鼠标右键，在弹出的快捷菜单中选择"建立剪切蒙版"命令可创建剪切蒙版；在"图层"面板中单击"建立/释放剪切蒙版"按钮 ▣，也可创建剪切蒙版。

创建剪切蒙版后，还可以对剪切蒙版进行编辑。

- 编辑剪切路径和内容：使用"直接选择工具" ▷，单击鼠标左键，选中剪切路径，可以对蒙版形状进行编辑，如图4-38所示。选中剪切蒙版，在控制栏中单击"编辑内容"按钮 ◉，可选择蒙版中的内容，在蒙版中调整内容的位置、大小和角度等，以更改蒙版的显示区域。图4-39所示为移动放大内容的效果。

图4-38　编辑剪切路径　　　　　　　　　　图4-39　移动放大内容的效果

- 添加对象到蒙版：选中要添加的对象，选择【编辑】/【剪切】命令，剪切该对象，然后使用"直接选择工具" ▷，单击选中蒙版内容，选择【编辑】/【贴在前面】或【贴在后面】命令，即可将要添加的对象粘贴到内容的前面或后面，并成为内容的一部分。图4-40所示为剪切仙鹤后，使用"直接选择工具" ▷选择内容，并选择【编辑】/【贴在前面】命令，调整仙鹤在蒙版中的位置的效果。

图4-40　调整仙鹤在蒙版中的位置的效果

● 释放剪切蒙版的对象：选中蒙版，在其上单击鼠标右键，在弹出的快捷菜单中选择"释放剪切蒙版"命令。

技能提升

图4-41所示为某店铺的中秋直播海报，请结合本小节所讲知识，分析该作品并进行练习。

（1）该海报中的图形是怎样显示在花瓣状的窗户中的？

高清彩图

_____

_____

（2）尝试利用剪切蒙版将提供的素材（素材位置：素材\第4章\雪景.tif）裁剪到圆中，设计一个"冬至"封面，从而举一反三，进行思维的拓展与能力的提升。

效果示例

图4-41　中秋直播海报

4.4 课堂实训

4.4.1　制作女装上新直播间贴片

1. 实训背景

某女装品牌为了提高网店销量，计划使用直播间贴片来展示关注优惠、分享优惠以及新品优惠等信息。现要求使用素材制作一个尺寸为1200px×800px的女装上新直播间贴片，排版整洁，内容简明易懂，在带给观众美的视觉感受的同时，起到吸引观众停留、提高下单转化率的作用。

2. 实训思路

（1）确定装修样式。直播间装修样式对用户体验有着最直接的影响。良好的直播间装修会吸引粉丝驻足，从而提升直播间的人气。若直播间装修花哨且杂乱，反而会让观众反感甚至离开直播间。为保持直播间的整洁，直播间贴片需排列整齐，尽量与直播间风格一致。本例从所提供素材中的人物服装色彩入手，采用红色、黄色和蓝色等色彩进行贴片的制作，并使用圆角矩形作为贴片的外观，如图4-42所示。

（2）确定贴片内容。确定需要放置的贴片内容，如放置主播信息、直播时间、优惠预告等基础信息可以提升用户体验；放置优惠券、红包、折扣等信息可以提高下单转化率。注意贴片内容不宜过多，否则不仅会降低信息的可读性，还会降低直播间的品质。本例从实训背景出发，将贴片内容确定为关注优惠、分享优惠、新品推荐3类，如图4-43所示。

（3）贴片排版。贴片上的元素应该排列整齐。本例考虑通过圆角矩形分类放置贴片内容，同时通过对齐与分布操作均匀排列贴片内容。制作时，通过编组与复制操作可以快速编辑不同分类的相同格式，从而提高直播间贴片的制作效率。

本实训完成后的参考效果如图4-44所示。

高清彩图

图4-42　确定装修样式　　　图4-43　确定贴片内容　　　图4-44　参考效果

素材位置： 素材\第4章\女装.tif、卫衣.jpg

效果位置： 效果\第4章\女装上新直播间贴片.ai

3. 步骤提示

STEP 01 新建尺寸为"800px×1200px"、名称为"女装上新直播间贴片"的文件，绘制红色的圆角矩形，调整边角构件，制作上下不一样的圆角半径效果，并为其添加投影效果。置入"卫衣.jpg"素材，调整其大小，然后在其上绘制圆，同时选择素材和上层的圆，单击鼠标右键，在弹出的快捷菜单中选择"建立剪切蒙版"命令，将"卫衣"图片显示在圆中。

视频教学：
制作女装上新
直播间贴片

STEP 02 绘制与蒙版相同大小的圆，为圆添加浅黄色填充，置于剪切蒙版下层，为素材添加浅黄色背景，在素材上层绘制与背景相同颜色的形状，在其上输入"主播推荐"文字。为防止误操作已有对象，我们可将已有对象锁定。

STEP 03 绘制圆角矩形分类背景放置贴片内容。先制作一个贴片内容，再绘制圆角矩形、输入文案，然后调整到合适的大小和位置，设置合适的文字属性，将圆角矩形的颜色设置为浅黄色和蓝色。

STEP 04 编组贴片内容。复制两个贴片内容，修改文字，调整最下方组的圆角矩形外观，通过对齐和分布操作，均匀排列在贴片上。

STEP **05** 置入"女装.tif"素材，绘制矩形并为其建立剪切蒙版，调整大小，移动到合适的位置。保存文件，完成本例的制作。

4.4.2 制作国风护肤品直播海报

1. 实训背景

雅芝极国产护肤品品牌为了增加店铺的流量和成交量，需要在直播间开展会员推广活动。现要求以"开业大酬宾 会员一律享7折"为主题设计一幅尺寸为1242px×2208px的直播间海报，以国风视觉展示促销信息，清晰体现活动主题，且版式和色彩具有强烈的视觉冲击力。

2. 实训思路

（1）明确海报风格。为展示国风视觉，无论是颜色搭配还是素材选择都要紧靠国风。本例选择的仙鹤和祥云图案、文字字体、标题样式等都紧靠国风，配色则从国风素材中提炼了红与蓝的搭配，如图4-45所示。

（2）搭建内容骨架。整理海报内容，如区分内容主次，进行整齐排列。本例考虑使用圆角矩形作为整个内容的放置框架，放置于海报中心，通过圆角矩形的组合、多个圆的分布与对齐制作国风标题和副标题的底纹形状，对促销标题形状的边角进行倒圆角调整，彰显国风特色，如图4-46所示。

（3）海报界面排版。添加本例提供的商品图片、国风元素到海报中，使用"图层"面板控制上下叠放层次，然后调整到合适的大小和位置。

本实训完成后的参考效果如图4-47所示。

图4-45 明确海报风格

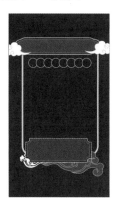
图4-46 搭建内容骨架

图4-47 参考效果

高清彩图

素材位置： 素材\第4章\国风元素\护肤品.png
效果位置： 效果\第4章\国风护肤品海报.ai

3. 步骤提示

STEP **01** 新建尺寸为"1242px×2208px"文件、名称为"国风护肤品海报"的文件，绘制深蓝色矩形作为背景。制作Logo时，需要使用"星形工具" ✦ 和圆制作标志图案，输入文案信息，选择合适的字体，调整文本的大小、颜色。

STEP **02** 绘制圆角矩形，设置浅黄色描边，取消填充，放置到画板中作为内容的放置区域，锁定背景和圆角矩形。在制作标题形状时，需要先绘制一个较小的圆角矩

视频教学：
制作国风护肤品
海报

形，再绘制一个宽度更大、高度更小的圆角矩形，通过"路径查找器"面板合并两个圆角矩形。

STEP 03 制作副标题形状时，需要绘制并复制圆，通过"对齐"面板进行顶端对齐、水平按间距分布，输入副标题"新潮国货低至7折"。绘制圆角矩形，调整边角为反向圆角，缩小并复制圆角矩形，制作促销信息的标题形状。

STEP 04 新建并选择图层，将商品图片放置到新建的图层上，继续新建图层来放置国风元素。通过拖曳图层控制各元素的叠放顺序，调整商品图片和各元素的大小、位置。保存文件，完成本例的操作。

4.5 课后练习

练习 1　制作直播美食促销海报

某美食店铺准备在6·18进行直播推广，现需要制作以"美食"为主题的直播海报，要求尺寸为1242px×2208px。制作时以红色为主题色，利用对齐和分布对象操作组合排列圆，并在其上添加文案，然后添加商品图片，通过编组、锁定等管理对象的操作提高效率，利用图层调整对象排列层次。本练习完成后的参考效果如图4-48所示。

素材位置：素材\第4章\红色背景.webp、零食.png

效果位置：效果\第4章\直播美食促销海报.ai

练习 2　制作珠宝定制画册封面

某珠宝品牌需设计一本珠宝定制画册的封面，要求简约大气、尺寸为A4大小。制作时可采用垂直居中对齐的排版方式，上部分放置文本，下部分放置商品图片。为提高创意性和美观性，将圆角矩形调整为叶子形状，将珠宝图片裁剪到叶子形状中。本练习完成后的参考效果如图4-49所示。

素材位置：素材\第4章\珠宝.jpg

效果位置：效果\第4章\珠宝定制画册封面.ai

图4-48　直播间美食促销海报

图4-49　珠宝定制画册封面

第 **5** 章 色彩运用

色彩是平面设计中一个非常重要的组成要素，色彩的运用将直接影响平面设计作品的感染力。除了可以为设计作品填充单色外，还可以通过渐变填充、图案填充、渐变网格填充等方式丰富设计作品的色彩。此外，为作品填充色彩后，还可以通过设置合适的描边属性提高设计作品的观赏性。

📖 学习目标

◎ 掌握单色填充、渐变填充、图案填充和渐变网格填充的方法
◎ 掌握设置描边的方法

✛ 素养目标

◎ 培养专业的观察、理解与表现色彩的能力
◎ 培养对色彩的基本表现和审美能力

◈ 案例展示

制作化妆品海报

设计服装购物手提袋

制作口红海报

5.1
单色填充

单色填充是绘图的基本填充方式之一。除了可在控制栏中设置单色填充，还可通过双击工具箱中的"填充或描边" ，打开"拾色器"对话框，设置单色填充。此外，Illustrator中还提供了"色板"面板和"颜色"面板，以及实时上色工具、吸管工具来提高填充效率。

5.1.1 课堂案例——上色热气球插画线稿

案例说明： 某插画师绘制了一幅热气球插画线稿，需要进行快速上色。为了提高上色效率，我们可通过实时上色工具为线稿创建实时上色组，再利用吸管工具吸取色卡中的颜色，最后通过"颜色"面板和"色板"面板填充部分颜色，取消描边，参考效果如图5-1所示。

知识要点： 吸管工具、实时上色工具、"颜色"面板、"色板"面板。

素材位置： 素材\第5章\热气球插画线稿.ai、色卡.png

效果位置： 效果\第5章\热气球插画.ai

高清彩图

图5-1　热气球插画线稿

✍ 设计素养

优秀的配色能力可以为设计作品锦上添花。作为初学者，在色感、审美等不够敏锐和成熟的情况下，除了需要学习色彩搭配的相关知识，逐步提高自身的配色能力，还需要参考一些优秀作品的配色方案，对其进行分析及借鉴，找到适合自己作品的配色方案，更好地加以运用。

其具体操作步骤如下。

STEP 01 打开"热气球插画线稿.ai"文件，使用"选择工具" 框选线稿，选择【对象】/【实时上色】/【建立】命令，将线稿创建为实时上色组，以便后期直接填充线条的各个封闭区域，如图5-2所示。

视频教学：
上色热气球插画线稿

STEP 02 选择【文件】/【置入】命令，在打开的对话框中双击置入"色卡.png"文件，在画板右侧外的区域单击鼠标左键，置入该素材。在工具箱中单击"填充或描边"按钮 切换填充颜色，选择"吸管工具" ，将鼠标指针移动到色卡上，单击鼠标左键吸取第2个圆角矩形的颜色，设置为当前的填充色，如图5-3所示。

STEP 03 选择"实时上色工具" ，在背景区域单击鼠标左键进行填充，如图5-4所示。

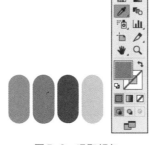

图5-2 创建实时上色组　　　　　图5-3 吸取颜色　　　　　图5-4 实时上色背景

STEP 04 继续使用"吸管工具" 🖊 和"实时上色工具" 🖌 吸取色卡第1、第3、第4个矩形上的颜色并间隔填充到热气球上，如图5-5所示。

STEP 05 选择"实时上色工具" 🖌，按住【Shift】键不放，依次在所有云朵上单击鼠标左键，选择【窗口】/【颜色】命令，打开"颜色"面板，在白色色块上单击鼠标左键，为所有云朵填充白色，如图5-6所示。

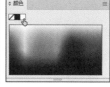

图5-5 吸取颜色填充热气球　　　　　图5-6 使用"颜色"面板填充云朵颜色

STEP 06 选择热气球底部的正方体上面的区域，然后选择【窗口】/【色板】命令，打开"色板"面板，在较浅的灰色色块上单击鼠标左键，为其上色。重复该操作，为热气球底部的正方体正面填充较深的灰色色块，如图5-7所示。

STEP 07 使用相同的方法继续为热气球的细节部分填充颜色，选择实时上色组，打开"色板"面板，单击"描边"按钮🔲切换到🔲状态，取消描边，如图5-8所示。

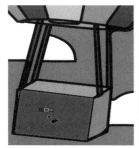

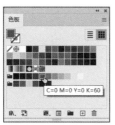

图5-7 填充底部的正方体正面　　　　　图5-8 使用"色板"面板填充细节部分并取消描边

STEP 08 填充完成后，选择并按【Delete】键删除色卡。保存文件，完成本例的制作。

5.1.2 认识颜色模式

在Illustrator中，常用的颜色模式有CMYK颜色模式、RGB颜色模式、HSB颜色模式、灰度颜色模式4种。选择【窗口】/【颜色】命令，打开"颜色"面板，单击右上方的■按钮，在弹出的菜单中选择当前取色时使用的颜色模式命令，面板中将显示相关的颜色模式参数。

- CMYK颜色模式：CMYK颜色模式主要应用在印刷领域，是书籍、插画、海报等平面作品最常用的一种印刷颜色模式。CMYK代表了印刷中用的4种油墨：C代表青色，M代表洋红色，Y代表黄色，K代表黑色。"CMYK颜色模式"的"颜色"面板如图5-9所示，用户可以在其中设置CMYK的具体数值。

图5-9　"CMYK颜色模式"的"颜色"面板

- RGB颜色模式：RGB颜色模式是编辑图像的最佳颜色模式。在RGB颜色模式中，R代表红色，G代表绿色，B代表蓝色。肉眼可见的色彩，几乎都可以通过红、绿、蓝3种颜色叠加而成。"RGB颜色模式"的"颜色"面板如图5-10所示，用户可以在其中设置RGB的具体数值。

- HSB颜色模式：HSB颜色模式是更接近人们视觉原理的色彩模式。在HSB颜色模式中，H代表色相，S代表饱和度，B代表亮度。"HSB颜色模式"的"颜色"面板如图5-11所示，用户可以在其中设置HSB的具体数值。

图5-10　"RGB颜色模式"的"颜色"面板

- 灰度颜色模式：灰度颜色模式经常被应用在成本相对低廉的黑白印刷中。当一个彩色文件被转换为灰度颜色模式文件时，所有的颜色信息都将从文件中丢失。灰度颜色模式只有1个亮度调节滑杆，数值为"0%"代表白色，数值为"100%"代表黑色。"灰度颜色模式"的"颜色"面板如图5-12所示，用户可以在其中设置灰度的具体数值。

图5-11　"HSB颜色模式"的"颜色"面板　　图5-12　"灰度颜色模式"的"颜色"面板

5.1.3 使用"颜色"面板填充

通过"颜色"面板可以设置或更改图形的填充和描边颜色。选择图形，然后选择【窗口】/【颜色】命令，打开"颜色"面板，单击右上方的■按钮，在弹出的下拉列表中选择"显示选项"命令，再选择一种颜色模式命令，在"颜色"面板中单击■按钮切换填充颜色和描边颜色，当切换到填充颜色时，单击面板左下角标有红色斜杠的方块■，可以取消填充颜色。将鼠标指针移动到取色区域，鼠标指针变为吸管形状，单击鼠标左键就可以选取颜色。在"颜色"面板中拖曳各个色标滑块或在颜色数值框中输入数值，可以调配出更精确的颜色。图5-13所示为使用"颜色"面板填充颜色。

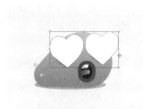

图5-13 使用"颜色"面板填充颜色

5.1.4 使用"色板"面板填充

"色板"面板中提供了多种填充颜色和图案，同时允许添加并存储自定义的颜色和图案。绘制或选中需要填充的图形，选择【窗口】/【色板】命令，打开"色板"面板，单击 按钮切换填充颜色和描边颜色，在面板底部单击"显示'色板类型'菜单"按钮 ，选择显示样本的类型或全部显示样本，在需要的样本上单击鼠标左键，可以将其应用到图形上。选中单个样本，在"色板"面板中单击"新建色板"按钮 ，可以将样本添加到"色板"面板中；若选中多个样本，我们需要单击"新建颜色组"按钮 ，打开"新建颜色组"对话框，设置组名称，单击 按钮，将颜色组添加到"色板"面板中，如图5-14所示。选择多余的样本或颜色组，单击"删除色板"按钮 ，可以将其从"色板"面板中删除。

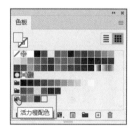

图5-14 新建色板

> 🔔 提示
>
> 若"色板"面板中的默认颜色不够用，我们可选择【窗口】/【色板库】命令，其子菜单中包括了不同的色板库命令。选择【窗口】/【色板库】/【其他库】命令，在打开的对话框中可以将其他文件中的色板样本、渐变样本和图案样本导入"色板"面板中。

5.1.5 使用吸管工具吸取颜色

在Illustrator中，利用"吸管工具" 可以吸取描边色、填充色、文字属性、位图的颜色。绘制或选中需要吸取属性的对象，选择"吸管工具" ，将鼠标指针移动到目标上，单击鼠标左键即可吸取目标属性到所选择对象上。图5-15所示为吸取渐变填充属性并应用到葡萄对象上。若需要单独吸取填充颜色或描边颜色，在工具箱中单击 按钮切换填充颜色和描边颜色，按住【Shift】键不放单击鼠标左键即可。

图5-15 使用吸管工具吸取颜色

5.1.6 实时上色填充

通过将图形转换为实时上色组，可以对任意图形进行着色。就像在纸上对所绘图形进行着色，我们可以使用不同颜色为每个路径段描边，并使用不同颜色填充每个封闭路径。要对图形进行实时上色，我们需先将图形转换为实时上色组。其具体操作方法为：选中图形，选择【对象】/【实时上色】/【建立】命令，转换图形为实时上色组后，设置填充颜色，选择"实时上色工具" ，在需填充的区域单击鼠标左键。图5-16所示为对脸部进行实时上色填充。拖曳鼠标指针跨过多个区域，可以一次为多个区域上色。按【Shift】键可以切换到描边上色，选择"实时上色工具" ，在选择实时上色组中的填充区域或描边上单击鼠标左键，即可修改颜色。

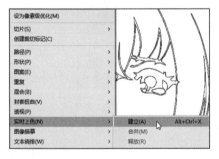  

图5-16 对脸部进行实时上色填充

> 🔔 提示
>
> 图形的不透明度和效果等属性可能会在转换为实时上色组时丢失，文字、位图图像和画笔等对象则不能转换为实时上色组。选择【对象】/【实时上色】/【扩展】命令，可以扩展实时上色组，达到单独编辑每段路径的目的。选择【对象】/【实时上色】/【释放】命令，可以释放实时上色组。

5.1.7 更改色彩混合模式和不透明度

设置顶层对象的不透明度，可以显示出底部内容。绘制图形后，在控制栏中可以设置该图形的不透明度值，也可以选择【窗口】/【透明度】命令，打开"透明度"面板，设置所选对象与下层对象的色彩混合模式、不透明度等参数。设置不同的色彩混合模式，将得到不同的混合效果。不透明度越小，对象越透明；不透明度越大，对象越清晰。图5-17所示为在图像上方绘制白色矩形，设置白色矩形混合模式为"滤色"、不透明度为"80%"的效果。

图5-17　绘制白色矩形并设置混合模式和不透明度

技能提升

图5-18所示为某网页的扁平风人物插画，请结合本小节所讲知识，分析该作品并进行练习。

（1）该插画中有哪些色彩搭配？如何快速填充这些色彩？

_____

_____

（2）尝试绘制关于"小狗"的扁平风插画，利用"颜色"面板填充插画的各个部分，从而举一反三，进行思维的拓展与能力的提升。

高清彩图

效果示例

图5-18　扁平风人物插画

5.2

渐变填充

渐变填充是指两种或两种以上不同颜色在同一条直线上逐渐过渡填充。Illustrator中提供了线性渐变、径向渐变、任意形状渐变等渐变类型来满足用户的填充需要。建立渐变填充有多种方法，其中较常用的方法是使用"渐变"面板和"渐变工具" ■进行填充。

5.2.1 课堂案例——制作渐变相机图标

案例说明： 某App界面需要制作一款渐变相机图标，要求尺寸为300pt×300pt，图标简约大方，体现梦幻色彩。为了体现梦幻色彩，这里可以通过"渐变"面板为相机背景圆填充红、紫、蓝的渐变，通过更改混合模式、不透明度将渐变效果变浅，参考效果如图5-19所示。

知识要点： "颜色"面板、不透明度、"渐变"面板。

效果位置： 效果\第5章\渐变相机图标.ai

高清彩图

图5-19 渐变相机图标

设计素养

如果画面显得单调，我们可以加入渐变色代替原先大面积的纯色，从而有效增强画面的表现力，提升整个画面的美感。无论使用哪种渐变配色，都需要遵循一个原则，那就是运用的渐变色在视觉上没有突兀感。大家平时可多收集各类美观的渐变色搭配应用到实际操作中，久而久之就可以总结出色彩搭配的方法。

其具体操作步骤如下。

STEP 01 新建尺寸为"300pt×300pt"、名称为"渐变相机图标"的文件，选择"圆角矩形工具" ▣，绘制300pt×300pt的圆角矩形，取消填充，设置描边粗细和颜色分别为"1pt、#000000"，拖曳边角构件调整圆角半径。选择"椭圆工具" ◯，绘制180pt×180pt的圆，保持填充和描边设置不变，复制并缩小圆。继续使用"椭圆工具" ◯和"钢笔工具" ✎绘制相机图标，如图5-20所示。

视频教学：
制作渐变相机
图标

STEP 02 选择圆角矩形，在"颜色"面板中单击 按钮中的"描边"按钮 ▤切换到描边，再单击左下角的 按钮取消描边，接着单击 按钮中的"填色"按钮 □切换到填充，设置CMYK值为"0.67、7.97、2.16、0"，效果如图5-21所示。

图5-20 绘制相机图标

图5-21 填充背景

STEP 03 选择【窗口】/【渐变】命令，打开"渐变"面板，单击"线性渐变"按钮 ▤，将鼠标指针移动至渐变条的第一个色标上，双击鼠标左键，在打开的面板中单击"色板"按钮 ▦，打开色板，在"CMYK洋红"色块上单击鼠标左键，将其设置为第一个色标的颜色，如图5-22所示。

STEP **04** 将鼠标指针移动到渐变条中间下方的位置，单击鼠标左键添加一个色标，在弹出的面板中设置色标的CMYK值为"75、100、0、0"，再设置最后一个色标的CMYK值分别设置为"70、15、0、0"，如图5-23所示。

图5-22 选择渐变方式并设置色标颜色　　　　图5-23 添加并设置色标的颜色

STEP **05** 查看渐变填充效果，在"渐变"面板中设置渐变角度为"45°"，向右侧拖曳渐变条中间的色标，调整渐变颜色的位置，效果如图5-24所示。

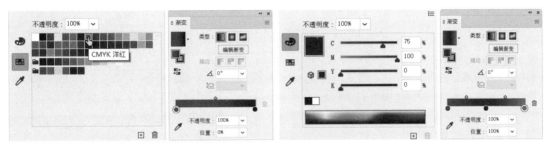

图5-24 更改渐变角度和调整渐变颜色的位置

STEP **06** 选择【窗口】/【透明度】命令，打开"透明度"面板，设置混合模式为"强光"、不透明度为"65%"，如图5-25所示。

STEP **07** 为突出显示相机图标，通过"颜色"面板将较小背景图填充和其他图形的描边颜色更改为"#FFFFFF"，在控制栏中设置相机图标的描边粗细为"5pt"、较小的背景圆的描边粗细为"3pt"，效果如图5-26所示。保存文件，完成本例的制作。

图5-25 设置混合模式和不透明度　　　　图5-26 设置相机图标的填充或描边颜色

5.2.2 认识"渐变"面板

选择【窗口】/【渐变】命令，打开"渐变"面板，如图5-27所示。在其中可以设置渐变类型、渐变颜色、渐变角度等参数，对其常用设置介绍如下。

- 色标颜色：双击色标，可在打开的面板中为该色标选取所需颜色。
- 渐变类型：包括"线性渐变" ▬、"径向渐变" ▬、"任意形状渐变" ▬3种。单击任意一个渐变类型按钮，其下方区域将出现"编辑渐变"按钮 编辑渐变，单击该按钮可以编辑渐变。
- 描边：单击▬按钮切换到描边模式，将激活"在描边中应用渐变"按钮▬、"沿描边应用渐变"按钮▬、"跨描边应用渐变"按钮▬。单击对应按钮，可以实现不同的描边渐变效果。
- 色标位置：拖曳渐变条上的滑块，可以改变该颜色的位置。单击选中滑块，直接在"位置"数值框中输入数值，可精确设置滑块颜色的位置。
- 添加与删除色标：在渐变条下方单击鼠标左键，可添加一个色标。选中色标，按【Delete】键或按住鼠标左键不放并将其拖曳到"渐变"面板外，可以直接删除色标。
- 渐变位置：拖曳渐变条上方的菱形渐变滑块，可以设置两个色标之间渐变的位置。单击选中渐变滑块后，在"位置"数值框中输入数值，可精确设置渐变滑块的位置。图5-28所示为不同渐变滑块位置产生的填充效果。

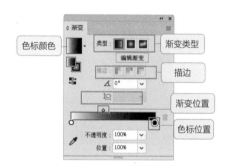

图5-27　"渐变"面板

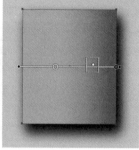

图5-28　不同渐变滑块位置产生的填充效果

- "不透明度"数值框：选中面板上的色标，输入数值，可精确设置该色标代表渐变颜色的不透明度。

5.2.3　线性渐变填充

线性渐变填充是一种常用的渐变填充类型。它以射线的方式逐步过渡起点和终点颜色，还可以通过设置渐变角度来调整渐变方向，如图5-29所示。通过调整中心点的位置，可以生成不同的颜色渐变效果。其具体操作方法为：选择需要填充的图形，在"渐变"面板中单击"线性渐变"按钮▬可以进行线性渐变填充，单击"编辑渐变"按钮 编辑渐变，在画板中拖曳圆形端可改变渐变起点位置，拖曳终点方块端可增大或减小渐变的范围，将鼠标指针移动到终点外，当鼠标指针呈▬形状时，按住鼠标左键拖曳可重新定位渐变的角度。图5-29所示为对同种渐变颜色设置不同角度的渐变效果。

图5-29　线性渐变填充

5.2.4 径向渐变填充

径向渐变填充与线性渐变填充不同，它是从起始颜色位置开始以圆的形式向外发散，逐渐过渡到终止颜色。它的起始颜色和终止颜色的位置都是可以改变的，因此使用径向渐变填充可以生成多种渐变填充效果。其具体操作方法为：选择需要填充的图形，在"渐变"面板中单击"径向渐变"按钮，设置渐变参数，其中"长宽比"数值框是设置径向渐变特有的参数。图5-30所示为"长宽比"数值框分别为"100%""50%"的径向渐变效果。

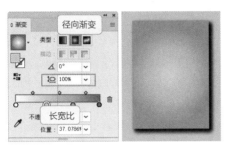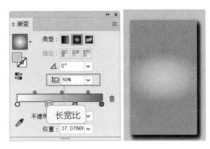

图5-30 径向渐变填充

5.2.5 任意形状渐变填充

任意形状渐变可以在图形内添加多个色标，形成逐渐过渡的颜色混合。选择需要填充的图形，在"渐变"面板中单击"任意形状渐变"按钮即可设置任意形状渐变。任意形状渐变有以下两种模式。

- 点模式：在"绘制"选项组中，单击选中"点"单选按钮，可以在对象上单击鼠标左键创建以点为形式的色标，如图5-31所示。在"点"模式下，"扩展"数值框被激活，该数值用于设置色标周围的色彩范围，数值越大，色彩范围越大。
- 线模式：在"绘制"选项组中，单击选中"线"单选按钮，可以在对象上单击鼠标左键创建色标，色标之间用直线段连接，在线段上单击鼠标左键可以添加一个色标，双击鼠标左键可结束绘制，如图5-32所示。一个图形可通过添加多条线段进行颜色填充。

图5-31 任意形状"点"模式渐变填充　　　　图5-32 任意形状"线"模式渐变填充

🔔 提示

若"渐变"色板中的默认颜色不够用，可选择【窗口】/【色板库】/【渐变】命令，其子菜单中包括了不同的渐变色板库命令。选择需要填充的图形，单击所选择色板库上的渐变样本即可快速填充渐变。

5.2.6 使用"渐变工具"填充

"渐变工具" ▪与"渐变"面板所提供的大部分功能都相同,使用"渐变工具" ▪能随意设置渐变的起点、终点、角度。其具体操作方法为:在工具箱中选择"渐变工具" ▪,在画板的控制栏中单击相应按钮设置渐变类型,在需要应用渐变的开始位置单击鼠标左键,拖曳鼠标指针到渐变的结束位置,释放鼠标左键,将在图形上出现渐变条,该渐变条与在"渐变"面板中单击"编辑渐变"按钮 编辑渐变 后出现的渐变条相同,设置渐变颜色即可为该图形应用渐变效果。图5-33所示为使用"渐变工具" ▪创建的线性渐变和径向渐变效果。

图5-33 使用"渐变工具"创建的线性渐变和径向渐变效果

技能提升

图5-34所示为渐变文字海报设计,请结合本小节所讲知识,分析该作品并进行练习。

(1)该海报中的文字与背景应用了哪些渐变类型?如何进行渐变颜色的搭配?

_____

(2)尝试为"ORANGE"文字制作线性渐变效果,为背景制作径向渐变效果,制作另一幅渐变文字海报,从而举一反三,进行思维的拓展与能力的提升。需要注意的是,为文字应用渐变效果前,需要先在文字上单击鼠标右键,在弹出的快捷菜单中选择"创建描边"命令。

效果示例　　高清彩图

图5-34 渐变文字海报

5.3 图案填充

除了使用Illustrator色板库中提供的预设图案样式进行填充外,还可以将绘制的图形作为图案进行填充,使填充效果更加丰富。

5.3.1 课堂案例——为奶茶盒设计图案

案例说明： 某品牌为了提高奶茶盒的美观性，需要为奶茶盒添加图案，要求图案配色合理、拼贴美观、大小合适。具体可以通过圆和正方形的交叉重叠制作图案，利用实时上色工具为图案上色，再将图案添加到"色板"面板中，设置图案拼贴方式为砖形，最后填充到奶茶盒上，参考效果如图5-35所示。

知识要点： 图案创建、图案填充。

素材位置： 素材\第5章\奶茶盒.ai

效果位置： 效果\第5章\奶茶盒.ai

高清彩图

图5-35 奶茶盒图案

✍ 设计素养

巧妙运用不同色彩进行对比和组合，是创建图案常用的一种方法。但需要注意的是，创建图案时，作为图案的图形不能包含渐变、渐变网格、图案和位图。

其具体操作步骤如下。

STEP 01 新建尺寸为"800pt×800pt"、名称为"奶茶盒"的文件，选择"矩形工具" ▭，绘制300pt×300pt的矩形，取消填充，设置描边粗细和颜色分别为"1pt、#000000"，选择"钢笔工具" ✎，绘制对角线和中线，选择"椭圆工具" ⬭，在中心绘制大圆，继续绘制四角的4个圆和中心交叉的4个圆，相同大小的圆可通过复制操作提高效率，绘制的线和图形都与矩形保持相同填充和描边设置，得到图5-36所示的图案。

视频教学：为奶茶盒设计图案

STEP 02 使用"选择工具" ▸框选图案，选择【对象】/【实时上色】/【建立】命令，将图案创建为实时上色组，选择"实时上色工具" 🎨，依次设置填充色为"#C675A1、#A1D5D7、#BFA934、#000000"，单击鼠标左键填充表面，取消描边，完成图案的绘制，如图5-37所示。

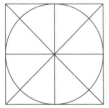
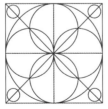
图5-36 创建图案

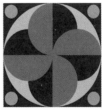
图5-37 填充图案

STEP 03 框选图案，选择【对象】/【图案】/【建立】命令，打开"图案选项"面板，设置图案名称为"奶茶盒"、拼贴类型为"砖形（按行）"、砖形位移为"1/2"，勾选"将拼贴调整为图稿大小"复选框和"将拼贴与图稿一起移动"复选框，关闭对话框，如图5-38所示。

STEP 04 查看设置的图案拼贴效果，此时可调整图案的大小、角度等，使图案拼贴得更美观，单击 ✓完成按钮，完成图案的建立，如图5-39所示。

图5-38 设置图案选项

图5-39 调整图案

STEP 05 打开"奶茶盒.ai"文件，选择盒身，按【Ctrl+C】组合键复制，切换到新建的"奶茶盒"文件中按【Ctrl+F】组合键原位粘贴，效果如图5-40所示。

STEP 06 选择粘贴的盒身，打开"色板"面板，在创建的"奶茶盒"图案上单击鼠标左键，填充盒身，将填充后的盒身复制粘贴至打开的"奶茶盒"文件中，在"透明度"面板中将混合模式设置为"正片叠底"，如图5-41所示。保存文件，完成本例的制作。

图5-40 打开素材

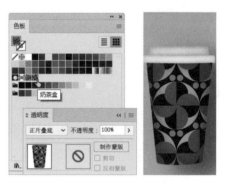

图5-41 填充创建的图案

5.3.2 使用"图案"库填充

选择需要填充的图形，然后选择【窗口】/【色板库】/【图案】命令，其子菜单中包括了不同的图案库命令。选择命令后，在打开对应图案的面板上选择图案样本，即可快速填充图案。图5-42所示为选择【窗口】/【色板库】/【图案】/【自然_叶子】命令，打开"自然_叶子"面板，选择"叶子图形颜色"样本的填充效果。

图5-42 使用"图案"库填充

5.3.3 创建图案样本填充

绘制或选择需要创建为图案样本填充的图案，打开"色板"面板，选择【对象】/【图案】/【建立】命令，打开"图案选项"面板，设置图案名称、拼贴类型、砖形位移、大小、重叠等参数，单击 ✓完成 按钮，定义的图案将被添加到"色板"面板中。图5-43所示为使用创建的图案填充手提袋的效果。

图5-43 创建图案样本填充

技能提升

图5-44所示为创意产品包装设计，请结合本小节所讲知识，分析该作品并进行练习。

（1）包装盒上的图案是怎样设计与排版的？其图案色彩的搭配效果怎样？

（2）尝试利用素材为茶叶包装（素材\第5章\茶叶包装.ai）设计图案，以点缀与美化包装外观，从而举一反三，进行思维的拓展与能力的提升。

效果示例　　　　高清彩图

图5-44 创意产品包装设计

5.4

网格填充

网格填充是一种不规则的颜色混合填充方式，可以为网格点设置不同的颜色，并控制各个颜色的走向，通常用于表现图形复杂的表面颜色。

5.4.1　课堂案例——制作牛油果主题海报

案例说明： 某店铺为了推广水果，需要制作水果主题海报。现要求以"牛油果"为主题制作海报，尺寸为A4大小，对"牛油果"进行写实刻画，突出新鲜感、食欲感。为了得到逼真的"牛油果"效果，制作时可以通过渐变填充和网格填充为牛油果上色，再添加投影、内发光效果实现立体质感，参考效果如图5-45所示。

知识要点： 径向填充、渐变网格填充。

效果位置： 效果\第5章\牛油果主题海报.ai

高清彩图

图5-45　牛油果主题海报

设计素养

　　水果主题海报要突出水果的新鲜感、食欲感、自然感，就要做到形状、颜色均写实，设计时可挑选合适的实物进行参考。

其具体操作步骤如下。

STEP 01 新建A4大小、名称为"牛油果主题海报"的文件，使用"钢笔工具"✐绘制牛油果形状，取消描边，选择【窗口】/【渐变】命令，打开"渐变"面板，单击"径向渐变"按钮▣，在渐变条下边缘添加色标，在渐变条上从左到右依次的设置颜色为"#E5E16C、#8FAB44、#507D36、#39522F"，得到图5-46所示的渐变效果。

STEP 02 选择渐变对象，然后选择【对象】/【扩展】命令，在打开的"扩展"对话框中勾选"填充"复选框并单击选中"渐变网格"单选按钮，单击 确定 按钮，将渐变填充扩展为渐变网格，选择"网格工具" ▦ ，在牛油果形状上单击鼠标左键以显示出网格，如图5-47所示。

视频教学：
制作牛油果主题
海报

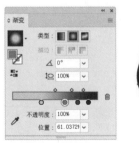

图5-46　创建径向渐变

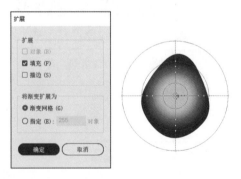

图5-47　扩展渐变为渐变网格

STEP 03 将鼠标指针移动到网格点上，按住鼠标左键不放并拖曳网格点，根据牛油果形状更改渐变网格外观，如图5-48所示。

STEP 04 使用"钢笔工具" ，在控制栏中取消描边，设置填充色为"#846D48"，绘制果核图形后选择该图形，然后选择【对象】/【创建渐变网格】命令，打开"创建渐变网格"对话框，设置行数、列数均为"4"，单击 确定 按钮。选择"直接选择工具" 选中网格点，依次设置网格点颜色为"#9B8A46、#E9F0C7、#F8F8EC"，拖曳网格点调整网格外观，如图5-49所示。

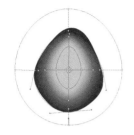

图5-48 更改渐变网格外观　　　　　　　　图5-49 创建渐变网格

STEP 05 选择牛油果图形，然后选择【效果】/【风格化】/【投影】命令，将投影颜色设置为"#213217"，将混合模式、不透明度、X位移、Y位移、模糊分别设置为"正片叠底、38%、-20mm、7mm、6mm"，单击 确定 按钮，得到牛油果投影效果，如图5-50所示。

STEP 06 选择牛油果果核图形，然后选择【效果】/【风格化】/【内发光】命令，将颜色设置为"#342D13"，将混合模式、不透明度、模糊分别设置为"正片叠底、35%、7mm"，单击选中"边缘"单选按钮，单击 确定 按钮，得到内发光效果，添加填充颜色为"#8FAB44"的背景和白色文字修饰画板，如图5-51所示。保存文件，完成本例的制作。

图5-50 添加投影效果　　　　　　　　图5-51 添加内发光效果与文字修饰

5.4.2 使用"网格工具"填充

选择图形，然后选择"网格工具" ，该图形即变为网格对象，在图形内部或边缘处单击鼠标左键可以添加网格点。在网格对象中，由横竖两条线交叉形成的点就是网格点，而横、竖线就是网格线，如图5-52所示。网格点具有与锚点相同的属性，其编辑方法与编辑锚点的方法相同，用户可以根据需要增加网格点、删除网格点、移动网格点等，不同的是网格点增加了颜色填充的功能。使用"直接选择工具" 单击鼠标左键选中网格点，在"颜色"面板或"色板"面板中可以设置网格点颜色，如图5-53所示。

图 5-52　网格点与网格线

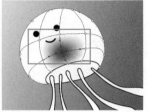

图 5-53　设置网格点颜色

🔔 提示

在进行网格填充时，按住【Shift】键，利用"吸管工具" ✐ 可以吸取实物的色彩填充网格点，也可以先绘制一组图形吸取其颜色，然后将其颜色添加到"色板"中，以提高填充效率。

5.4.3　创建固定行 / 列的网格填充

选择图形，然后选择【对象】/【创建渐变网格】命令，打开"创建渐变网格"对话框，设置合适的行数、列数，单击 确定 按钮，即可在对象内生成对应数量的网格，如图5-54所示。

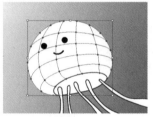

图 5-54　创建固定行 / 列的网格填充

技能
提升

图5-55所示为流体渐变风格海报，请结合本小节所讲知识，分析该作品并进行练习。

（1）如何填充海报中的图像渐变色？

_____

（2）参考该作品，尝试利用相同的文字绘制类似风格、不同背景和图像的流体渐变风格海报，从而举一反三，进行思维的拓展与能力的提升。

效果示例

高清彩图

图 5-55　流体渐变风格海报

5.5 编辑描边

在工具箱、"颜色"面板、"色板"面板、"渐变"面板中都可以看到◻按钮，单击下层的描边◼按钮，即可切换到描边设置状态，此时可以为描边设置单色或渐变色。为了使描边效果更加美观，还可通过"描边"面板设置描边样式。

5.5.1 课堂案例——制作罐装茶叶标签纸

案例说明："清明绿茶"罐装茶叶需要制作一批用于茶叶分类的标签纸贴在茶叶罐上，要求尺寸为40mm×40mm，形状为圆形，为上下半圆设置不同的颜色，添加虚线装饰标签纸边缘，最后添加文案，使标签纸简洁、美观，参考效果如图5-56所示。

知识要点：饼图绘制、偏移路径、"描边"面板。

效果位置：效果\第5章\罐装茶叶标签纸.ai

高清彩图

图5-56 罐装茶叶标签纸

其具体操作步骤如下。

STEP 01 新建尺寸为"40mm×40mm"、名称为"罐装茶叶标签纸"的文件，使用"矩形工具 ▪"绘制与画板等大的灰色（#A5A5A5）矩形，使用"椭圆工具 ◉"绘制40mm×40mm大小的圆，在控制栏中取消描边，设置填充色为"#FFFFFF"，按【Ctrl+C】组合键复制，按【Ctrl+F】组合键原位粘贴，选择【窗口】/【变换】命令，在"变换"面板中设置饼图起始角度为"180°"，得到半圆，设置该图形的填充色为"#85A146"，如图5-57所示。

视频教学：
制作罐装茶叶标签纸

STEP 02 选择白色圆，然后选择【对象】/【路径】/【偏移路径】命令，在打开的对话框中设置位移为"-2.5mm"，单击 确定 按钮，向内部偏移路径，如图5-58所示。在控制栏中取消填充，设置描边色的CMYK值为"0、0、0、70%"，设置描边粗细为"0.75pt"。

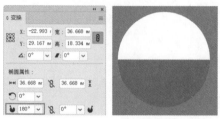

图5-57　制作半圆　　　　　　　　　　　　　　图5-58　向内部偏移路径

STEP 03 选择内部圆，然后选择【窗口】/【描边】命令，打开"描边"面板，勾选"虚线"复选框，设置第一个"虚线""间隙"值均为"2pt"，单击"圆头端点"按钮，查看描边设置效果，如图5-59所示。

STEP 04 使用"文字工具" T 输入文案，文字采用黑色和白色进行搭配，调整字体和字体大小，设置字体为"方正清刻本悦宋简体""方正兰亭圆简体"，绘制圆角矩形装饰文案，设置填充色为"#A62424"，如图5-60所示。保存文件，完成本例的制作。

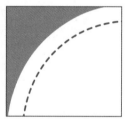

图5-59　设置描边属性　　　　　　　　　　　图5-60　添加文案

5.5.2　认识"描边"面板

选择【窗口】/【描边】命令或按【Ctrl+F10】组合键，都可打开"描边"面板，如图5-61所示。在其中可以设置图形的描边属性，对其具体介绍如下。

- "粗细"数值框：用于设置描边的宽度，与控制栏中的"描边"数值框的效果一致。
- 端点：用于设置描边各线段的首端和尾端的形状样式，设置较粗的描边时可清晰地查看线条端点效果，包括平头端点、圆头端点和方头端点等不同的端点样式，如图5-62所示。

图5-61　"描边"面板

  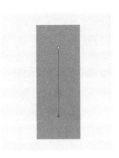

图5-62　平头端点 、 圆头端点和方头端点

- 边角：用于设置描边的拐角接合形式，分别为斜接连接、圆角连接和斜角连接，如图5-63所示。设置斜接连接后，将激活"限制"数值框，其用于设置斜角的长度，即描边沿路径改变方向时伸展的长度。

图5-63　斜接连接 、 圆角连接和斜角连接

- 对齐描边：用于设置描边与路径的对齐方式，包括使描边居中对齐、使描边内侧对齐和使描边外侧对齐。

- 虚线：勾选"虚线"复选框，下方的6个数值框将被激活。其中，"虚线"数值框用于设置每一段虚线段的长度；"间隙"数值框用于设定虚线段之间的距离。图5-64所示为设置第一个虚线值为"5pt"、第一个间隙值为"15pt"的效果。

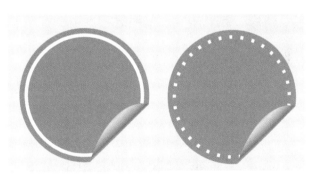

图5-64　设置虚线和间隙

- 箭头：选中要添加箭头的曲线，在"起点的箭头""终点的箭头"下拉列表框可选择曲线起点、终点的箭头样式。图5-65所示为对曲线一端设置的箭头效果。

图5-65　设置箭头

技能提升

图5-66所示为某网店的折扣促销广告图,请结合本小节所讲知识,分析该作品并进行练习。

（1）如何设置海报中线条的圆头效果？如何设置虚线样式？

_____

_____

（2）尝试在草莓海报（素材\第5章\草莓海报.ai）中添加图形和虚线线条装饰,从而举一反三,进行思维的拓展与能力的提升。

效果示例　　高清彩图

图5-66　折扣促销广告图

5.6 课堂实训

5.6.1 制作化妆品海报

1. 实训背景

某化妆品公司准备推广一款"补水美肌"新品,需要制作一张海报,要求画面美观,颜色搭配和谐,尺寸为1242px×2208px。

2. 实训思路

（1）确定海报图像。要展示"补水美肌"新品,我们需对产品图片进行精修。本例考虑绘制化妆品外观,利用渐变填充来体现金属质感和玻璃质感,如图5-67所示。

（2）明确配色方案。根据产品外观、颜色和功能确定海报配色。本例考虑使用浅蓝色作为海报主题色,通过不同深浅颜色的搭配来渲染补水氛围。

（3）确定文案搭配。对"补水美肌"相关文案进行整理、排版,利用渐变颜色美化文案,利用渐变矩形、圆、线条装饰文本,如图5-68所示。

图5-67　绘制与填充化妆品外观　　　　图5-68　文案搭配

（4）效果精致化。为化妆品制作倒影，并通过添加透明水球来渲染补水氛围，可以使海报的效果更加精致。

本实训完成后的参考效果如图5-69所示。

效果位置：效果\第5章\化妆品海报.ai

3. 步骤提示

STEP 01 新建尺寸为"1242px×2208px"、命名为"化妆品海报"的文件，使用"钢笔工具" ✎ 绘制化妆品外观，将外观拆分为瓶盖、瓶身和内部3个部分，以便后期上色。

STEP 02 为瓶盖填充黑白金属质感的线性渐变，注意调整渐变位置，为瓶身内部创建中间浅蓝色、两边深蓝色的线性渐变，为瓶身外部添加较浅的渐变。

STEP 03 在瓶身内部绘制白色形状作为高光，创建网格渐变，将四周白色的不透明度更改为"0"，修饰高光使其更加自然。

图5-69　参考效果

STEP 04 选择【效果】/【风格化】/【内发光】命令，为瓶身的两个图形添加内发光效果，设置颜色为蓝色、混合模式为"正片叠底"，调整模糊值，使瓶身更具立体玻璃质感。

STEP 05 使用"文字工具" T 添加文字，调整文字字体和排版方式。为文字添加渐变填充时，我们可单击鼠标右键，在弹出的快捷菜单中选择"创建轮廓"命令，然后添加深蓝色到浅蓝色的渐变。绘制渐变矩形、圆、线条装饰文本。

视频教学：
制作化妆品海报

STEP 06 制作倒影时，需要复制并垂直镜像瓶子，然后在表面添加白色到蓝色的线性渐变效果，通过色标设置倒影的不透明度，得到自然的倒影效果。

STEP 07 制作透明圆球装饰元素时，需要分为两层：一层添加透明到白色的径向渐变；另一层添加透明到蓝色的线性渐变，并调整渐变角度。保存文件，完成本例的制作。

5.6.2　设计服装购物手提袋

1. 实训背景

某潮流女装店需要为售出的服装制作手袋，在包装服装的同时提高店铺知名度。要求手提袋尺寸为350mm×260mm×130mm，颜色对比鲜明、时尚潮流。

2. 实训思路

（1）确定手提袋尺寸。制作手提袋，首先要设计其尺寸。手提袋的尺寸没有固定的标准，需要根据包装产品的尺寸而定，一般分为横版和竖版两种版式。根据实训背景，本例考虑采用竖版，购物袋尺寸为350mm×260mm×130mm，如图5-70所示。

（2）打造手提袋立体感。为手提袋添加渐变背景，并为手提袋各个面添加线性渐变填充及投影，制作具有立体感的手提袋，如图5-71所示。

（3）设计手袋图案。根据店铺和服装风格来设计手袋图案的颜色和风格。本例考虑采用蓝色、黄色、白色来设计对比鲜明、时尚潮流的波点图案，将购物袋装饰得更加美观。

本实训完成后的参考效果如图5-72所示。

高清彩图

图5-70 手提袋外观　　　图5-71 打造立体感　　　图5-72 参考效果

效果位置： 效果\第5章\服装购物手提袋.ai

3. 步骤提示

STEP 01 新建尺寸为"500mm×600mm"、名称为"服装购物手提袋"的文件，绘制与画板大小相同的蓝色矩形作为背景。使用"钢笔工具" 绘制手提袋的外形。这里，手提袋可以拆分为3个面进行绘制。

STEP 02 使用"渐变工具" 为手提袋各个面添加线性渐变填充。选择【效果】/【风化】/【投影】命令，为手提袋的提绳添加投影效果，然后绘制不规则形状作为手提袋的投影部分，增加手提袋立体感。使用"文字工具""直线段工具"和"椭圆工具"添加与排版手提袋文案。

STEP 03 绘制手提袋正面的花纹，建立图案，设置花纹大小和填充方式，其中填充方式为"网格"，原位复制手提袋正面，使用花纹填充手提袋正面，然后设置花纹混合模式为"正片叠底"。

STEP 04 调整文字底纹白色矩形的不透明度，以及大小、位置。保存文件，完成本例的制作。

5.7 课后练习

练习 1 绘制渐变手机壁纸效果

某手机品牌需要设计渐变锁屏界面，用于展示手机样机。制作时先新建尺寸为210mm×210mm的文件，绘制长133mm、宽68mm的手机描边，填充手机颜色，然后绘制锁屏界面，在界面绘制多个圆，选择多种渐变填充方式填充圆，并裁剪到锁屏界面中。本练习完成后的参考效果如图5-73所示。

效果位置： 效果\第5章\渐变手机壁纸.ai

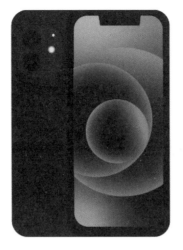

高清彩图

图5-73 渐变手机壁纸

练习 **2** 制作口红海报

　　某品牌推出"紫色"口红新品，需要制作上新海报，要求尺寸为210mm×297mm，以紫色为主题色，颜色搭配和谐、自然。制作时可以使用青色、玫红色、白色来搭配紫色；使用填充渐变、图案修饰海报；使用渐变工具绘制口红，添加文案。本练习完成后的参考效果如图5-74所示。

　　效果位置： 效果\第5章\口红海报.ai

高清彩图

图5-74 "口红"海报

第 **6** 章 文本运用

　　文字作为传递信息的重要符号之一，在海报、画刊、包装等设计作品中的重要程度不言而喻。Illustrator中提供了多种文本创建工具，包括文字工具、区域文字工具、路径文字工具、直排文字工具、修饰文字工具等，可用于创建不同类型的文字。同时，用户还可以通过"字符"面板、"段落"面板轻松编辑创建的文字或为区域文本设置文本绕排、文本分栏等排版方式，使其符合自身设计需要。

📖 **学习目标**

◎ 掌握不同类型文字的创建方法
◎ 掌握"字符"面板和"段落"面板的使用方法
◎ 掌握编辑区域文本的方法

◈ **素养目标**

◎ 培养总结排版规律，提高自身版式设计的能力
◎ 深入理解文字在设计作品中的重要性

◈ **案例展示**

制作咖啡馆标志　制作"秋上新"宣传册封面　设计文字型杂志排版　制作女装春季上新海报

创建文字

按住"文字工具" T 不放，展开的工具箱中包含了7种文字工具。其中，"文字工具" T、"区域文字工具" W、"路径文字工具" W 、"直排文字工具" IT、"直排区域文字工具" W 、"直排路径文字工具" W 可用于输入各种类型的文字，以满足不同文字的处理需要；而"修饰文字工具" W 可用于单独编辑文本框中的单个文字。

6.1.1 课堂案例——制作美妆节促销大字海报

案例说明： 某美妆店铺正在筹备美妆节活动，需要将"全场7折，凡消费顾客加送补水面膜一盒，数量有限，先到先得"促销信息展示出来。现要求制作一幅1242px×2208px的促销大字海报，贴在门口吸引消费者。由于大字海报主要由文字组成，为了便于阅读，我们需要对文字进行排版，如调整字体大小、加粗字体、编辑文字轮廓外形，以提高文字的层次感，然后添加白色边框，使海报文字更具紧凑感，参考效果如图6-1所示。

高清彩图

知识要点： 创建点文字、创建区域文字、设置字符、创建文字轮廓。

效果位置： 效果\第6章\美妆节促销大字海报.ai

图6-1 美妆节促销大字海报

设计素养

要将纯文字排版得更高级，就需要突出节奏感和层次感，抓住用户的眼球，明确地表达诉求。为了突出文本的层次感，我们可以通过颜色对比、字体对比、大小对比、粗细对比、虚（模糊）实（清晰）对比来实现。

其具体操作步骤如下。

STEP 01 新建尺寸为"1242px×2208px"、名称为"美妆节促销大字海报"的文件，绘制与画板大小相同的矩形，选择"渐变工具" ，单击"线性渐变"按钮，从上往下在矩形上拖曳鼠标创建线性渐变，添加色标设置，由上而下设置渐变颜色为"#5A327D、#805E93、#5A327D"。使用"钢笔工具" 继续绘制背景中的云朵图形和白色边框，设置云朵图形的渐变颜色为"#5A327D、#CABCD9、#FFFFFF"，设置白色边框的描边粗细为"8pt"，效果如图6-2所示。

视频教学：
制作美妆节促销大字海报

STEP 02 选择"文字工具" T，单击鼠标左键插入文本插入点，输入"美妆节"，在控制栏中设置字体、字体大小分别为"方正兰亭准黑简体、250pt"，设置文字颜色为"#5A327D"，如图6-3所示。

图6-2　绘制背景

图6-3　输入并设置文字

STEP 03 选择输入的文字，然后选择【文字】/【创建轮廓】命令，将文字转换为轮廓，如图6-4所示。

STEP 04 选择"直接选择工具" ▶，选择并调整笔画锚点，更改文字外观，如图6-5所示。

STEP 05 选择"文字工具" T，在控制栏中设置文字颜色为"#FFFFFF"，单击并按住鼠标左键拖曳鼠标指针，在画板中心位置绘制一个蓝色矩形文本框，输入4行区域文字，输入过程中按【Enter】键进行换行，如图6-6所示。

图6-4　创建轮廓

图6-5　编辑文字

图6-6　输入区域文字

STEP 06 在第1行行首单击鼠标左键插入文本插入点，按住鼠标左键不放选中第1行文字，设置字体、字体大小为"方正兰亭特黑_GBK、240pt"，选择"修饰文字工具" ，选中"7"文字，更改颜色为"#6CC6D6"，继续设置第2行字体、字体大小为"方正兰亭刊黑_GBK、120pt"，第3行字体、字体大小为"方正兰亭特黑_GBK、150pt"，第4行字体、字体大小为"方正兰亭刊黑_GBK、100pt"，如图6-7所示。

STEP 07 单击鼠标左键选择文本框，选择【窗口】/【文字】/【段落】命令，打开"段落"面板，单击"全部两端对齐"按钮 对齐文字，如图6-8所示。此时文本框内文字如图6-9所示。保存文件，完成本例的制作。

图6-7　编辑区域文字　　　　图6-8　设置全部两端对齐　　　图6-9　文本框内文字

6.1.2　创建点文字

选择"文字工具" T 或"直排文字工具" IT，在控制栏中设置字体、字体大小、文字颜色等参数，在输入位置单击鼠标左键插入文本插入点，切换到合适的输入法，可以直接输入沿水平方向和直排方向排列的点文字。输入完成后，选中文字，还可在控制栏中更改字体、字体大小、文字颜色等参数。在使用"文字工具" T 的过程中，按【Shift】键可切换到"直排文字工具" IT。

6.1.3　创建文字轮廓

选择输入的文字，然后选择【文字】/【创建轮廓】命令，将文字转换为轮廓，在文字上单击鼠标右键，在弹出的快捷菜单中分别选择"取消编组"和"释放复合路径"命令，可将文字拆分为多个部分。选择"直接选择工具" ▶，选择并调整笔画锚点，可以更改文字外观，得到艺术字效果。图6-10所示为删除"你说"文字中的两个笔画，共用一个圆点的效果。

图6-10　创建文字轮廓

6.1.4　创建区域文字

使用"文字工具" T 或"直排文字工具" IT 在画板中单击并按住鼠标左键拖曳鼠标指针，可以绘制一个蓝色矩形文本框。在矩形文本框中输入文字，可以形成区域文字，如图6-11所示。若选择"区域文字工具" T 或"直排区域文字工具" IT，当鼠标指针移动到图形内边框上时，将变成 或 形状，在图形内边框上单击鼠标左键，图形的填充和描边属性将被取消，在其中可输入文字，从而形成区域文字，如图6-12所示。

图6-11　通过文本框创建区域文字　　　　　图6-12　在图形中创建区域文字

输入文字到达图形或文本框边界时，文字将自动换行，也可按【Enter】键强制换行。如果输入的文字超出图形或文本框所能容纳的范围，将出现文字溢出的现象，并在图形或文本框右下角出现一个红色正方形标志 田，此时需要缩小字体大小或放大文本框（或图形），将溢出的文字显示出来，也可在 田 图标上单击鼠标左键，重新绘制文本框放置溢出文字。图6-13所示为调整文本框大小以处理溢出文字。

图6-13　调整文本框大小以处理文字溢出

🔔 提示

输入区域文本后，选中文本框，在文本框右侧的实心圆点↓。上双击鼠标左键，可将区域文本转换为点文本；在文本框右侧的空心圆点↓。上双击鼠标左键，可将点文本转换为区域文本。

6.1.5 课堂案例——制作咖啡馆标志

案例说明：某咖啡馆需要设计一款尺寸为250pt×250pt的咖啡馆标志，用于推广咖啡馆，要求符合咖啡馆形象，且便于大众记忆。制作时可在标志中心绘制一杯热气腾腾的咖啡杯图形来塑造咖啡馆形象，同时创建圆形路径文字来传递关键信息，使用浅蓝色的配色给人以休闲的感觉，添加咖啡豆图形装饰标志，参考效果如图6-14所示。

图6-14 咖啡馆标志

知识要点：创建路径文字、移动路径文字、编辑路径文字。

高清彩图

效果位置：效果\第6章\咖啡馆标志.ai

✍ 设计素养

圆形标志因其圆润的外形广受认可，成为常见的现代标志形态。设计圆形标志时，将多个圆规律地组合在一起，形成环环相扣的效果，使标志饱满又富有变化。同时，在排版标志文字和图形时，以圆为中心进行扩散，会给人自然、和谐的视觉感受。

其具体操作步骤如下。

STEP 01 新建尺寸为"300pt×300pt"、名称为"咖啡馆标志"的文件，选择"矩形工具"▢，绘制300pt×300pt的矩形，取消描边，设置填充色为"#4E3A2D"，作为背景。选择"椭圆工具"⬭，绘制250pt×250pt、填充色为"#FFFFFF"、描边色为"#78A6BF"的圆。继续绘制描边色或填充色为"#FFFFFF、#78A6BF"的下半圆和中心小圆，再绘制两个半圆，将其放置在大圆和小圆轮廓的中间，如图6-15所示。

视频教学：
制作咖啡馆标志

STEP 02 选择"路径文字工具"〰，将鼠标指针移动到上半圆的上左侧，当鼠标指针呈 ɪ 形状时单击鼠标左键，设置文字字体、字体大小、文字颜色分别为"方正超粗黑简体、20pt、#4E180E"，输入图6-16所示的文字，文字将会沿着路径排列。

STEP 03 使用"直接选择工具"▷选中路径文字，拖曳蓝色"I"形符号，沿路径移动文字，使其居于路径半弧中间位置，如图6-17所示。

STEP 04 双击"路径文字工具"〰，打开"路径文字选项"对话框，在其中设置对齐路径为"居中"，单击 确定 按钮，如图6-18所示。

图6-15 绘制标志外观

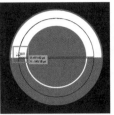

图6-16 创建路径文字

图6-17 移动路径文字位置

图6-18 文字居中对齐路径

STEP 05 使用与步骤2、步骤3和步骤4相同的方法在下半圆上创建路径文字，设置文字字体、大小、颜色分别为"方正兰亭黑简体、20pt、#FFFFFF"，双击"路径文字工具" ，打开"路径文字选项"对话框，设置对齐路径为"居中"，勾选"翻转"复选框，翻转路径文字的方向，单击 确定 按钮，如图6-19所示。

STEP 06 使用"钢笔工具" 绘制咖啡杯图形，放置到标志中间，设置杯身、咖啡液、高光的填充色分别为"#FFFFFF、#4E180E、#78A6BF"，绘制并复制白色咖啡豆图形，放置到路径文字所在下方圆环的空白位置，如图6-20所示。保存文件，完成本例的制作。

图6-19 翻转路径文字

图6-20 填充咖啡杯和咖啡豆

6.1.6 创建路径文字

使用"路径文字工具" 和"直排路径文字工具" 创建文字时，可以让文字沿着一个开放或闭合路径的边缘进行水平或垂直方向的排列，并且原来的路径将不再具有填充或描边属性。在画板中绘制任意路径，选择"路径文字工具" ，将鼠标指针移动到路径上，当鼠标指针呈 形状时单击鼠标左键，路径将转换为文字路径，输入所需要的文字，文字将会沿着路径排列，如图6-21所示。

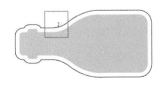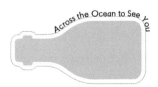

图6-21 创建路径文字

使用"直接选择工具" ▷选中路径文字，沿路径外侧拖曳蓝色"I"形符号，可沿路径移动文字位置；沿路径内侧拖曳蓝色"I"形符号，可将文字调整到路径内侧，如图6-22所示。选择路径文字，双击"路径文字工具" ✓，打开"路径文字选项"对话框，如图6-23所示。在其中可以设置路径文字效果、路径翻转、对齐路径的方式、路径文字间距，勾选"预览"复选框可预览路径文字效果，然后单击 确定 按钮。

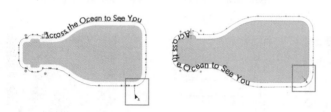

图6-22　将文字调整到路径内侧

图6-23　"路径文字选项"对话框

6.1.7　修饰文字

使用"修饰文字工具" 🔠，可以对文字中的单个字符进行单独的属性设置和编辑操作。选择"修饰文字工具" 🔠 ，选取文本框中需要编辑的文字，可以在控制栏中更改文字字体、字体大小、文字颜色。拖曳文字四角的空心圆点可调整文字大小，拖曳左下角的实心圆点可以调整文字的基线偏移，拖曳正上方的空心圆点可旋转文字，如图6-24所示。

图6-24　修饰文字

🔔 提示

通过复制与粘贴的操作可置入外部文本。其具体操作方法为：在其他文档中选中需要复制的文本，然后按【Ctrl+C】组合键复制，切换到Illustrator工作界面，选择所需文字工具，单击鼠标左键定位文本插入点，然后按【Ctrl+V】组合键粘贴即可。若复制文本后，选择【编辑】/【粘贴时不包含格式】命令，可以无格式地粘贴外部文本，并且文本属性为使用的文字工具创建的对应类型。

图6-25所示为某商家设计的限时折扣大字海报，请结合本小节所讲知识，分析该作品并进行练习。

（1）海报中运用了Illustrator中哪些类型的文字？海报中的图案文字如何制作？如何对文字进行排版设计？

（2）尝试利用前面所学知识，根据提供的折扣信息（素材\第6章\新品折扣大字海报内容.txt）制作一幅新品折扣大字海报，尺寸为1242px×2208px，从而举一反三，进行思维的拓展与能力的提升。

高清彩图

效果示例

图6-25 限时折扣大字海报

6.2 设置字符格式

输入文字后，在文字工具的控制栏中可以设置文字字体、大小和颜色。若要设置更多的字符格式，就需打开"字符"面板完成。

6.2.1 课堂案例——制作"秋上新"宣传册封面

案例说明： 某女装品牌提供了一张图片作为秋季上新宣传册封面的素材，要求添加与排版"2022秋/上/新""NEW VISION"文字，制作出简约、极具质感的秋季上新宣传册封面。制作时可根据素材色调选择黑白灰系列作为主色调，以黄色作为点缀色活跃封面色彩，绘制具有一定透明度的灰色矩形用于放置文案，使文案具有紧凑感，同时设置文字的字距和行距，使文字有整齐、分散的艺术感，参考效果如图6-26所示。

知识要点： 设置字符间距、行距、字体、字体大小、字符缩放。

素材位置： 素材\第6章\封面.tif

效果位置： 效果\第6章\"秋上新"宣传册封面.ai

高清彩图

图6-26 "秋上新"宣传册封面

✍ 设计素养

设计宣传册封面时,不仅要考虑宣传册封面的艺术品位是否符合大众审美,还要考虑其整体风格是否符合品牌形象与要求、版面的文字排版是否美观、字间距是否合适、是否能让观者一目了然。

其具体操作步骤如下。

STEP 01 新建尺寸为"210mm×297mm"、名称为"'秋上新'宣传册封面"的文件,置入"封面.tif"图片,拖曳图片四角控制点调整图片大小,使其覆盖画板。选择"矩形工具" ■,绘制矩形,设置填充色为"#E2E0E2",取消描边,设置不透明度为"88%",继续在上方绘制白色描边、无填充的矩形,设置描边粗细为"2pt",效果如图6-27所示。

视频教学:
制作"秋上新"
宣传册封面

STEP 02 选择"文字工具" T,设置文字颜色为"#000000",单击并按住鼠标左键拖曳,在画板中心位置绘制一个蓝色矩形文本框,输入3行文字,按【Enter】键进行换行,再选择【窗口】/【文字】/【字符】命令,打开"字符"面板,设置文字字体、大小、行距、横向缩放分别为"方正超粗黑简体、50pt、60pt、150%",如图6-28所示。

图6-27 置入图片并绘制矩形

图6-28 设置字符格式

STEP 03 选择文本框,然后选择【窗口】/【文字】/【段落】命令,打开"段落"面板,单击"全部两端对齐"按钮 ≣ 对齐文字,按文本框自动调整字符距离,如图6-29所示。

STEP 04 选择"修饰文字"工具 ⊞,单击选中文本框中的"I"字符,调整位置,使其大致与上行字符垂直居中对齐,如图6-30所示。

STEP 05 绘制填充色为"#DBAF40"的矩形,按【Ctrl+[】组合键将其置于文字下方,修饰文字。选择"文字工具" T,在文字下方输入文字"2022",在控制栏中设置文字字体、字体大小、文本颜色分别为"方正兰亭粗黑_GBK、28pt、#FFFFFF",然后绘制填充色为"#000000"的矩形并置于文字下方,用于装饰文字,如图6-31所示。

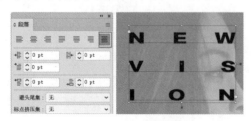

图6-29 设置全部两端对齐

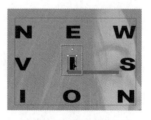

图6-30 调整字符位置

图6-31 装饰文字

STEP **06** 选择"文字工具" **T** ，保持字体不变，更改文字颜色为"#000000"，在文字"2022"后单击鼠标左键插入文本插入点，按空格键输入空格，继续输入"秋/上/新"文字，选择文字，在"字符"面板中设置字体大小为"26pt"，单击"下画线"按钮 **T** ，添加下画线，如图6-32所示。

STEP **07** 选择"文字工具" **T** ，在文字下方单击鼠标左键插入文本插入点，输入并选择图6-33所示的文字，在"字符"面板中设置文字字体、大小、字符间距分别为"思源黑体 CN Medium、14pt、900"。保存文件，完成本例的制作。

图6-32 设置字体大小并添加下画线

图6-33 输入文字

6.2.2 认识"字符"面板

选择文字，然后选择【窗口】/【文字】/【字符】命令或按【Ctrl+T】组合键，打开"字符"面板，如图6-34所示。单击右上角的 ≡ 按钮，在弹出的下拉列表中选择"显示选项"命令，可显示更多的字符设置选项，在面板中为选中文字设置相应的字符格式即可。下面对常用的字符格式进行介绍。

图6-34 "字符"面板

- 字体系列：单击选项文本框右侧的按钮 ∨ ，可以从弹出的下拉列表中选择一种需要的字体选项。
- 字体大小：用于控制文字的大小。
- 行距：用于控制文字的行距，即文字中行与行之间的距离。
- 垂直缩放：可以使文字尺寸横向保持不变，纵向被缩放。
- 水平缩放：可以使文字纵向大小保持不变，横向被缩放。
- 字距微调：用于细微地调整两个字符之间的水平距离。输入正值时，字距变大；输入负值时，字距变小。
- 所选字符的字距调整：用于调整所选字符与相邻字符之间的距离。

● 基线偏移：用于调节文字的上下位置。输入正值时表示文字上移；输入负值时表示文字下移。

● 字符旋转：用于设置字符的旋转角度。

技能提升

图6-35所示为某公司艺术展宣传海报，请结合本小节所讲知识，分析该作品并进行练习。

（1）艺术展海报中需要设置哪些字符格式？如何进行文字排版设计？

_____

_____

（2）尝试利用前面所学知识，根据提供的艺术展内容（素材\第6章\艺术展内容.txt）制作一幅摄影艺术展的海报，尺寸为1242px×2208px，从而举一反三，进行思维的拓展与能力的提升。

高清彩图

效果示例

图6-35 艺术展宣传海报

6.3 设置段落格式

前面创建的区域文字也称为段落文字。输入段落文字后，在文字工具的控制栏中可以设置段落文字的对齐方式。若要设置更多的段落格式，我们就需打开"段落"面板来完成。

6.3.1 课堂案例——制作植树节活动宣传长图

案例说明：某教育机构正在策划植树节当天带领同学们进行植树的活动，现需要对策划的文案进行排版，制作一张800px×1500px的植树节活动宣传长图，以便转发给家长，使其了解活动信息。本例考虑对字符格式和段落格式进行设置，让文案主次分明、排版整齐有序，更易于阅读，参考效果如图6-36所示。

知识要点：设置字符格式、设置段落格式。

素材位置：素材\第6章\植树节活动文案.txt、植树节背景.tif

效果位置：效果\第6章\植树节活动宣传长图.ai

高清彩图

图6-36 植树节活动宣传长图

"植树节"是宣传森林效益，并发动群众参加以植树造林为活动内容的节日。在设计植树节活动宣传长图时，由于文本较多，为了方便阅读，我们需要对标题进行突出显示，同时设置段落间距。

其具体操作步骤如下。

STEP 01 新建尺寸为"800px×1500px"、名称为"植树节活动宣传长图"的文件，置入"植树节背景.tif"图片，拖曳图片四角控制点调整图片大小，使其覆盖画板。选择"圆角矩形工具" ■，绘制圆角矩形，设置填充色为"#F5E6B9"，作为文本内容放置区域。继续在上方绘制圆角矩形作为内容标题的底纹，设置填充色为"#EE8A3C"，如图6-37所示。

视频教学：
制作植树节活动
宣传长图

STEP 02 选择"文字工具" T，单击鼠标左键插入文本插入点，输入3行点文字，在"字符"面板中设置第1行字体、字体大小、字符间距分别为"思源黑体 CN Medium、36pt、500"，文字颜色为"#3B5735"；设置第2行字体、字体大小、字符间距分别为"方正正大黑简体、130pt、100"，文字颜色为"#522E16"；设置第3行字体、字体大小、字符间距为"思源黑体 CN Medium、37pt、30"，文字颜色为"#F5E6B9"。在第3行文字上绘制圆角矩形，设置填充色为"#3B5735"，按【Ctrl+[】组合键将该图层下移一层，作为文字底纹，如图6-38所示。

图6-37　绘制背景

图6-38　输入和编辑点文字并绘制文字底纹

STEP 03 输入"活动须知"文字，设置文字颜色为"#FFFFFF"，设置字体、字体大小、字符间距分别为"方正正大黑简体、40pt、100"，打开"植树节活动文案.txt"文档文件，按【Ctrl+A】组合键全选，按【Ctrl+C】组合键复制，回到Illustrator工作界面，选择"文字工具" T，单击并按住鼠标左键拖曳绘制文本框，单击鼠标左键定位文本插入点，选择【编辑】/【粘贴时不包含格式】命令，粘贴文字，选择该文本框，设置字体、字体大小、行距、字符间距分别为"思源黑体 CN Medium、23pt、36pt、30"，如图6-39所示。

STEP 04 选择文本框，然后选择【窗口】/【文字】/【段落】命令，打开"段落"面板，单击"两端对齐，末行左对齐"按钮 ，设置左缩进、右缩进、段后间距分别为"20pt、20pt、30pt"，如图6-40所示。

STEP 05 将文本插入点定位到第2、第4段落后，在"段落"面板中设置段后间距为"60pt"，如图6-41所示。

STEP 06 在活动文案内容前单击插入文本插入点，拖曳鼠标指针选中内容，依次更改非标题内容文字颜色"#595757"，在标题内容前单击鼠标左键插入文本插入点，拖曳鼠标指针选中标题内容，更改字体、字体大小为"方正兰亭粗黑_GBK、30pt"。绘制圆角矩形，设置填充色为"#EEC245"，按【Ctrl+[】组合键将该图层下移一层，修饰突出3个标题，如图6-42所示。保存文件，完成本例的制作。

图6-39　设置字符格式　　　　　　　　　图6-40　设置段落格式

 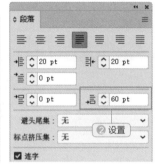 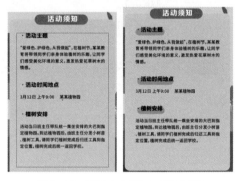

图6-41　设置段后间距　　　　　　　　　图6-42　设置文字颜色与编辑标题

6.3.2　认识"段落"面板

在处理区域文字时，选择【窗口】/【文字】/【段落】命令或按【Alt+Ctrl+T】组合键，都可打开"段落"面板，如图6-43所示。在其中可设置文本对齐、段落缩进、段落间距等段落格式，从而使文字版面更加整齐、美观。下面对常用段落格式进行介绍。

● 文本对齐：按一定规律对齐文本，从左至右分别为"左对齐"▤、"居中对齐"▤、"右对齐"▤、"两端对齐，末行左对齐"▤、"两端对齐，末行居中对齐"▤、"两端对齐，末行右对齐"▤、"全部两端对齐"▤。选中要对齐的段落文字，单击需要的对齐方式按钮，可设置相应的对齐方式。图6-44所示为设置左对齐、居中对齐、两端全部对齐的效果。

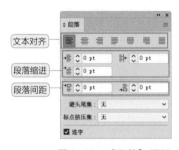 

图6-43　"段落"面板　　　　　　　　　图6-44　设置左对齐、居中对齐、两端全部对齐的效果

● 段落缩进：用于设置一个段落文字需要空出的字符位置，包括"左缩进"▤、"右缩进"▤、"首行左缩进"▤。图6-45所示为对"搭配推荐"文字设置段落左缩进、首行缩进的效果。

图6-45　设置左缩进、首行缩进的效果

● 段落间距：用于设置段落之间的距离，包括"段前间距" 和"段后间距" 。图6-46所示为设置
段前间距前后的对比效果。

图6-46　设置段前间距前后的对比

🔔 提示

"避头尾集"下拉列表框用于设置避免某一符号出现在行首或行末；"标点挤压集"下拉列表
框用于设置避免标点出现在行首或行末；勾选"连字"复选框可在断开的单词间显示连字标记。

技能
提升

图6-47所示为医疗保健攻略指南长图海
报，请结合本小节所讲知识，分析该作品并进行
练习。

（1）该海报中的文字应用了哪些段落格
式？在Illustrator中如何设置这些段落格式？

高清彩图

_____

_____

（2）尝试利用前面所学知识，根据提供的
会员招募内容（素材\第6章\会员招募内容.txt）
制作一幅会员招募长图海报，尺寸为800px×
2000px，从而举一反三，进行思维的拓展与能
力的提升。

效果示例

图6-47　医疗保健攻略指南长图海报

6.4

编辑区域文字

在Illustrator中，除了可以为区域文字设置字符格式和段落格式，还可以为区域文字设置文字串接、文字分栏和文字绕排，得到更多的文字排版效果。

6.4.1 课堂案例——设计文字型杂志排版

案例说明： 某设计人员正在进行一篇中文杂志的内页排版，要求对其中的某页进行排版设计，做到版面整洁、美观，且便于阅读。由于文字较多，若采用单栏通排，则一行太长的文字很容易引起读者的视觉疲劳，因此我们可以通过分栏缩短一行所显示的文字内容。为了使排版更加美观，本例将绘制矩形底纹、圆装饰画板，使用文字绕排圆，提高版面的艺术设计感，参考效果如图6-48所示。

知识要点： 创建分栏文字、创建绕排文字。

素材位置： 素材\第6章\文字型杂志排版.ai、办公.png

效果位置： 效果\第6章\文字型杂志排版.ai

高清彩图

图6-48　文字型杂志排版

✑ **设计素养**

在进行杂志文本排版时，除了需要选取合适的字体，还需要调整字体间距和段落对齐方式，具体要求是同类内容的文字字符之间必须适中且一致，段落通常采用左右直线对齐，保证杂志的画面清晰和舒适，更便于阅读。注意在杂志文本排版中，逗号、句号、叹号等标点符号不能出现在行首位置。

其具体操作步骤如下。

STEP 01 打开"文字型杂志排版.ai"文件，排版效果如图6-49所示。

STEP 02 选中正文文字的文本框，选择【文字】/【区域文字选项】命令，打开"区域文字选项"对话框，在"列"栏的"数量"数值框中输入"3"、"间距"数值框中输入"8mm"，单击 确定 按钮，创建分栏文字，如图6-50所示。

视频教学：
设计文字型杂志
排版

图6-49 打开文件　　　　　　　　　图6-50 创建分栏文字

STEP 03 绘制矩形，取消描边，设置填充色为"#E6F4F5"，按【Ctrl+[】组合键将矩形置于底层，作为第2栏文字的底纹。接着在第2栏中间绘制两个圆，将位于底层且尺寸较大的圆取消描边，设置填充色为"#E6F4F5"，作为图文混排的图形，将位于上层且尺寸较小的圆作为放置文字的区域，如图6-51所示。

STEP 04 同时选中区域文字和位于底层且尺寸较大的圆，选择【对象】/【文本绕排】/【建立】命令，即可将文字绕排在圆周围。选择【对象】/【文本绕排】/【文本绕排选项】命令，打开"文本绕排选项"对话框，设置位移值为"12pt"，单击 确定 按钮，如图6-52所示。

STEP 05 置入"办公.png"图片，拖曳图片四角控制点调整图片大小，将图片放置到中心圆上，在图片上绘制圆，选择绘制的圆和图片，单击鼠标右键，在弹出的快捷菜单中选择"建立剪切蒙版"命令，效果如图6-53所示。保存文件，完成本例的制作。

图6-51 绘制矩形和圆　　　图6-52 创建文字绕排　　　图6-53 置入图片

6.4.2 创建串接文字

创建串接文字是解决前文所提到的溢出文字的方法之一。选择有溢流文字的区域，单击红色图标⊞，鼠标指针将变为形状，在左侧的空白区域单击鼠标左键或拖曳鼠标指针绘制一个文本框，溢流文字将被串接到新的文本框中。若需要将文字串接到已有闭合路径中，我们可同时选中有溢流文字的区域和闭合路径，选择【文字】/【串接文字】/【创建】命令，溢出的文字就会自动移动到闭合路径中，闭合路径的填充和描边属性则会消失，如图6-54所示。选择【文字】/【串接文字】/【释放所选文字】命令，可以解除各文本框之间的链接状态。

图6-54　创建串接文字

6.4.3　创建分栏

在Illustrator中，可以对区域文字进行分栏排版。选中要进行分栏排版的区域文字，选择【文字】/【区域文字选项】命令，打开"区域文字选项"对话框，在"行"栏的"数量"数值框中输入栏数进行上下分栏，所有的栏将自动定义为相同的高度，创建文字分栏后，"跨距"数值框用于设置栏的高度，"间距"数值框用于设置栏的间距；在"列"栏中的"数量"选项中输入栏数进行左右分栏，所有的栏将自动定义为相同的宽度，"跨距"数值框用于设置栏的高度；单击"文字排列"后的按钮 🔀 🔃，可以选择一种文字流在链接时的排列方式；单击 确定 按钮创建分栏，图6-55所示为创建"行"数量为"3"、"跨距"数值为"15mm"的效果。

图6-55　创建分栏

6.4.4 创建文字绕排

图文混排是经常使用的一种排版方式，它是指将文字和图片混合排列，文字可在图片四周、嵌入图片下面、浮于文字图片上方等。在Illustrator中，创建文字绕排主要是针对区域文字和图形的图文混排，即将区域文字绕排在任何图形的四周。在区域文字图层上放置图形并调整好位置，同时选中区域文字和图形，选择【对象】/【文字绕排】/【建立】命令，即可将文字绕排在图形周围，如图6-56所示。选择绕排图形，然后选择【对象】/【文字绕排】/【文字绕排选项】命令，可以打开"文字绕排选项"对话框，如图6-57所示。通过"位移"数值框可设置文字与图形边缘的距离，勾选"反向绕排"复选框可设置反向绕排文本位置，设置完成后单击 确定 按钮。如果要取消文字绕排，选择【对象】/【文字绕排】/【释放】命令即可。

图6-56 创建文字绕排

图6-57 "文字绕排选项"对话框

技能提升

图6-58所示为《艺术家访谈》杂志内页的排版设计，请结合本小节所讲知识，分析该作品并进行练习。

（1）该杂志的版式设计中用到了哪些文字排版方式？这些排版方式在Illustrator中如何实现？

_____

_____

（2）尝试对素材中的图片和文本（素材\第6章\多肉\）进行排版设计，要求排版美观、整齐，从而举一反三，进行思维的拓展与能力的提升。

高清彩图

效果示例

图6-58 《艺术家访谈》杂志内页排版设计

6.5 课堂实训

6.5.1 制作女装春季上新海报

1. 实训背景

某女装品牌为提高销量推出了"春季上新、全场2件8折"促销活动,并且提供了"满500元领取50元""满300元领取30元""10元无门槛"3种优惠券。现需要利用提供的素材图片为该活动制作一幅女装春季上新海报,要求海报排版美观,能吸引消费者眼球,并且能快速传递活动信息,尺寸为1242px×2208px。

2. 实训思路

(1)确定排版样式。常见且实用的海报设计排版样式有图片与文字混排、纯文字海报排版、突出中心海报排版等。本例使用绿色作为背景,采用图片与文字混排的排版样式,上部分放置图片和主题文字,下部分绘制浅黄色矩形放置活动信息,底部放置优惠券,三部分形成鲜明的对比,整个画面简洁大方,如图6-59所示。

(2)设计文字版式和格式。将文字居中对齐,设置适当的字体和文字颜色,合理地安排文字空间,进行适当的留白,且均匀排列3张优惠券,效果如图6-60所示。

(3)运用填空文字。填空文字不具备任何的实际阅读性,只为装饰版面而存在,因此字体大小可以很小,也可以设置较宽的字符间距,用于填补空白位置,常用于各类海报、网页。本例中,在画板上方和两侧运用填空文字可以使海报整体内容更加紧凑。

本实训完成后的参考效果如图6-61所示。

高清彩图

图6-59 确定排版样式　　　图6-60 设计文字版式和格式　　　图6-61 参考效果

素材位置: 素材\第6章\春装.jpg、春装上新活动内容.txt

效果位置: 效果\第6章\女装春季上新海报.ai

3. 步骤提示

STEP 01 新建尺寸为"1242px×2208px"、名称为"女装春季上新海报"的文件,绘制与画板相同大小的矩形,设置填充色为"#648565",绘制放置文字的矩形,设置填充色为"#EDD6C0"。

STEP 02 置入"春装.jpg"图片,使图片居于矩形中上方区域,并调整其大小。

STEP 03 选择"文字工具" **T**,单击鼠标左键插入文本插入点,打开"春装上新活动内容.txt"文档文件,输入相关文字,将重要文字放大突出显示,设置文字属性,进行文字排版。

STEP 04 绘制优惠券图形,设置填充色为"#EDD6C0",选择"文字工具" **T**,单击鼠标左键插入文本插入点,输入相关文字,设置文字属性。绘制圆角矩形,设置填充色为"#DD5C4A",选择"文字工具" **T**,单击鼠标左键插入文本插入点,输入优惠券相关文字,设置文字属性。

STEP 05 组合优惠券图形和文字并复制两个,修改优惠券金额,得到其他两张优惠券,将其均匀排列在画板底部。

STEP 06 选择"文字工具" **T**,在画板两侧和上方空白处输入填空文字,设置文字属性和字符间距,装饰画板。保存文件,完成本例的制作。

6.5.2 制作《植物解说》杂志"薄荷"篇

1. 实训背景

文字是整个杂志的主要构成部分之一,因此文字的排版设计对于杂志来说十分重要。现需要对《植物解说》杂志"薄荷"篇进行排版设计,要求合理利用字体、图形、色彩等视觉元素,突出版式主题,让杂志画板排版美观、合理,给读者带来舒适的阅读体验。

2. 实训思路

(1)确定画板版式。根据素材内容划分画板内容板块。本例分为"薄荷简介"和"薄荷品种"两个板块,"薄荷简介"板块采用左文右图排版,"薄荷品种"板块采用左图右文排版,按品类分栏排版,所有内容左右直线对齐,达到规整一致的效果。版式布局如图6-62所示。

(2)串接文字并添加图片。根据画板版式调整文本框大小,将文字串接到其他位置,并将图片添加到相应位置,如图6-63所示。

(3)挑选合适的字体。杂志常用到的字体有黑体、宋体、隶书等,黑体常用于时尚感的杂志,隶书常用于装点性的杂志,宋体常用于新闻出版杂志。本例考虑使用"站酷小薇LOGO体"为标题字体,更具艺术装饰性;考虑使用"宋体"字体作为段落字体,体现植物解说知识的严肃性;英文段落字体使用"Arial",更便于读者阅读。

(4)设置文字行距。行距太紧,会引起读者视觉不适;行距太松,视觉上下移动的幅度大,容易让读者眼睛疲劳,因此行距一定要保持适中且一致。本例考虑使用两倍行距,即段落文字字体大小设置为"6pt",则行距设置为"12pt"。

(5)设置分栏与图文混排。将"薄荷品种"段落按品种分为3栏文字展示,绘制分割线条装饰分栏,让品种分类明确,使读者一目了然。绘制圆与"薄荷品种"过渡语左侧的图片并创建剪切,设置文字绕排,使排版具有创意感。

本实训完成后的参考效果如图6-64所示。

图6-62　确定画板版式　　　图6-63　串接文字并添加图片　　　图6-64　参考效果

高清彩图

素材位置： 素材\第6章\植物解说杂志"薄荷"篇.ai、植物\

效果位置： 效果\第6章\植物解说杂志"薄荷"篇.ai

3. 步骤提示

STEP 01 打开"植物解说杂志'薄荷'篇"文件，缩小文本框，将文字串接到多个文本框中，并调整文本框的位置和大小。

视频教学：
制作《植物解说》
杂志"薄荷"篇

STEP 02 嵌入"植物1.jpg"图片和"植物2.jpg"图片，并调整图片的大小和位置。绘制圆形，为"植物2.jpg"图片创建圆形剪切蒙版。

STEP 03 绘制矩形框，输入标题信息，放大字体，设置字体为"站酷小薇LOGO体"，输入填空文字，设置文字属性以装饰标题。继续在"植物1.jpg"图片上绘制白色的矩形，设置不透明度，添加标题。

STEP 04 选择"薄荷品种"过渡语区域文字和"植物2"剪切组，然后选择【对象】/【文本绕排】/【建立】命令，即可将文字绕排在圆形周围。

STEP 05 选择"薄荷品种"区域文字，然后选择【文字】/【区域文字选项】命令，在打开的对话框中设置分栏，绘制分割线以装饰分栏。

STEP 06 选择区域文字，在"段落"面板和"字符"面板中设置字体、字体大小、行距等字符格式和段落格式，美化版面。保存文件，完成本例的制作。

6.6

课后练习

练习 **1** 制作开学通知公众号推文封面图

某教育公众号需要发布一篇关于9月1号开学通知的推文，要求设计推文封面图能够吸引用户浏览。制作时先新建尺寸为900px×383px的文件，绘制云朵、渐变背景，通过蓝色和黄色形成鲜明对比，吸引用户眼球；然后输入标题和副标题，加大标题字体、进行倾斜操作，为标题文字创建轮廓并进行编辑。本练习完成后的参考效果如图6-65所示。

效果位置： 效果\第6章\开学通知公众号推文封面图.ai

图 6-65　开学通知公众号推文封面图

练习 **2** 制作春季招聘手机海报

某企业拟定在3月1号到4月1号期间招聘一名设计总监，待遇为8000元~20000元/月，要求有3年以上设计行业相关工作经验，以及管理和带领团队经验，具体福利待遇面谈。另外，该企业还需招聘设计助理若干名，待遇为3000元~8000元/月，有相关工作经验者优先，主要协助设计总监完成设计工作，具体福利待遇面谈。现需要设计一幅春季招聘手机海报，要求尺寸为800px×1580px。制作时可以使用蓝色作为背景色，利用折叠的纸张作为背景，设置招聘信息的字符格式和段落格式。本练习完成后的参考效果如图6-66所示。

素材位置： 素材\第6章\招聘内容.txt

效果位置： 效果\第6章\春季招聘手机海报.ai

练习 **3** 排版书籍内页

为了提高某书籍的可阅读性，现需要对画板进行版式设计，并加入图片。本练习参考图片颜色，考虑使用黄绿色作为背景的主色调，调整文字的对齐方式、行距、字间距、文字方向，使书籍内容排版美观，给读者扑面而来的春日清新气息。本练习完成后的参考效果如图6-67所示。

素材位置： 素材\第6章\书籍内页.ai、书籍内页图片\

效果位置： 效果\第6章\书籍内页.ai

图6-66　春季招聘手机海报　　　　　　　　图6-67　排版书籍内页

第 **7** 章 符号与图表应用

　　Illustrator不仅提供了强大的绘图功能、文字处理功能、图表处理功能，还提供了庞大的符号库。用户运用符号库可以快速完成一些矢量小图标的绘制，应用图表可以直观地表现复杂的数据。另外，用户通过自定义图表各部分的颜色，以及将创建的图案应用到图表中，能使数据内容更加生动。

📖 学习目标
　　◎ 掌握符号和图表的应用方法
　　◎ 掌握编辑与美化图表的方法

◈ 素养目标
　　◎ 提升观察与分析数据的能力，激发对数据及数据展示的兴趣
　　◎ 深入理解符号、图表在设计作品中的应用

▧ 案例展示

制作幻彩渐变网页
操作按钮 　　制作UI数据可视化
数据图表 　　制作App登录界面 　　制作运营报告长图

应用符号

Illustrator 提供了"符号"面板，专门用来创建、存储和编辑符号。用户除了可以直接使用"符号"面板中预设的符号，还可以将画板中的对象添加到"符号"面板中。当需要多次制作该对象时，可以直接从"符号"面板中进行相应操作，从而提高制作效率。

7.1.1 课堂案例——制作幻彩渐变网页操作按钮

案例说明： 某网页在界面设计中多次应用到幻彩渐变按钮的图样，因此需要将这个按钮的图样定义为符号范例，并利用符号范例制作网页中不同的按钮。制作时可以先打开素材文件，然后选择需要的按钮素材并将其添加到"符号"面板中，最后应用符号工具进行编辑，参考效果如图7-1所示。

知识要点： 符号创建、符号应用、符号工具。

素材位置： 素材\第7章\幻彩渐变网页操作按钮.ai

效果位置： 效果\第7章\幻彩渐变网页操作按钮.ai

高清彩图

图7-1 幻彩渐变网页操作按钮

⌨ 设计素养

网页操作按钮是网页的重要组成部分。设计网页操作按钮时，要将它放在容易被找到的位置，并且其颜色应该区别于周边的环境色，因此它要亮度较高且具有高对比度的颜色。另外，网页操作按钮上面的文字表述需要言简意赅、直接明了，排版需要具备一定的边距，保证视觉的舒适度。

其具体操作步骤如下。

STEP 01 打开"幻彩渐变网页操作按钮.ai"文件，选择幻彩渐变网页操作按钮，然后选择【窗口】/【符号】命令，打开"符号"面板，如图7-2所示。

STEP 02 在选择的幻彩渐变网页操作按钮上按住鼠标左键不放，将其拖曳到"符号"面板中，在自动打开的"符号选项"对话框中，设置名称为"幻彩渐变网页操作按钮"、导出类型为"图形"，单击选中"静态符号"单选按钮，单击 确定 按钮，"符号"面板中将出现创建的幻彩渐变网页操作按钮，如图7-3所示。

视频教学：
制作幻彩渐变网页操作按钮

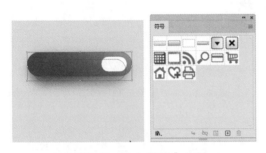

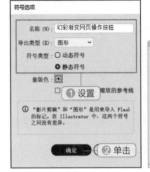

图7-2 打开"符号"面板　　　　　　　　　　　　　　　图7-3 创建符号

STEP 03 在"符号"面板中选中创建的幻彩渐变网页操作按钮，直接将其拖曳到当前画板中，得到第2个幻彩渐变网页操作按钮，如图7-4所示。

STEP 04 设置当前填充色为"#00FFFF"，选择"符号着色器工具" ，将鼠标指针移动到要填充颜色的按钮上，按住鼠标左键不放并拖曳鼠标指针，为按钮填充当前填充色 ，如图7-5所示。

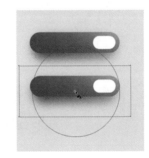

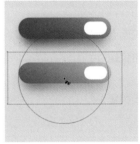

图7-4 应用符号创建幻彩渐变网页操作按钮　　　　　　　　图7-5 为符号着色

STEP 05 在"符号"面板中选中创建的幻彩渐变网页操作按钮，直接将其拖曳到当前画板中，得到第3个幻彩渐变网页操作按钮。单击选中第3个幻彩渐变网页操作按钮，在"符号"面板中单击"断开符号链接"按钮 ，如图7-6所示。

STEP 06 选中第3个幻彩渐变网页操作按钮，在控制栏中单击"重新着色图稿"按钮 ，在打开的面板中拖曳色标到图7-7所示的位置，更改按钮的颜色。

STEP 07 使用"文字工具" 在按钮上输入文本，设置字体、字体大小、文本颜色分别为"Arial、16pt、#FFFFFF"，绘制按钮上的小图标，填充颜色可参考按钮的颜色进行设置，如图7-8所示。保存文件，完成本例的制作。

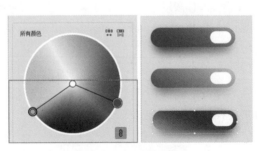

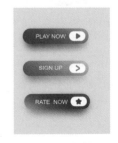

图7-6 断开链接　　　　　　　图7-7 更改按钮的颜色　　　　　　　图7-8 按钮效果

认识"符号"面板

选择【窗口】/【符号】命令，打开"符号"面板，如图7-9所示。单击面板右上方的≡按钮，在弹出的下拉列表中选择相应命令编辑符号。面板下方有6个按钮，下面进行详细介绍。

图7-9 "符号"面板

- "符号库菜单"按钮 **In.**：单击该按钮，在弹出的下拉列表中可选择打开所需符号库。
- "置入符号实例"按钮 **➜**：单击该按钮，可以将当前选中的符号范例放置在画板的中心。
- "断开符号链接"按钮 **✄**：单击该按钮，可以将添加到画板中的符号范例与"符号"面板断开链接。
- "符号选项"按钮 **▦**：单击该按钮，可以打开"符号选项"对话框，并进行符号设置。
- "新建符号"按钮 **⊞**：单击该按钮，可以将选中的对象添加到"符号"面板中作为符号应用。
- "删除符号"按钮 **🗑**：单击该按钮，可以删除在"符号"面板中被选中的符号。

创建符号

选中对象后，在"符号"面板中单击"新建符号"按钮⊞或将选中的对象直接拖曳到"符号"面板中，都可打开"符号选项"对话框。在其中设置参数，单击 确定 按钮，可以将选中的对象添加到"符号"面板中作为符号应用，如图7-10所示。

图7-10 创建符号

7.1.4 应用符号

在"符号"面板中选中符号，直接将其拖曳到当前画板中，得到一个符号范例，如图7-11所示。选择"符号喷枪工具" 📷，鼠标指针将变成一个中间有喷壶的圆形 ⊙，在"符号"面板中选择需要的符号对象，在画板中按住鼠标左键不放并拖曳鼠标指针，将沿着拖曳的轨迹喷射出多个符号范例，这些符号范例可组成一个符号集合，如图7-12所示。选中符号集合，选择"符号喷枪工具" 📷，按住【Alt】键不放，在要删除的符号范例上按住鼠标左键不放并拖曳鼠标指针，鼠标指针经过的区域中的符号范例将被删除。

图7-11　应用单个符号　　　　　　　　　图7-12　创建符号集合

7.1.5 使用符号工具

Illustrator的符号工具组提供了8个符号工具，在"符号喷枪工具" 📷上按住鼠标左键不放，展开的符号工具组如图7-13所示。

- "符号喷枪工具" 📷：用于创建符号集合，可以将"符号"面板中的符号对象应用到画板中。
- "符号移位器工具" 🐾：用于移动符号范例。选中符号集合，选择"符号移位器工具" 🐾，将鼠标指针移动到符号范例上，按住鼠标左键不放并拖曳鼠标指针，符号范例将随其移动。图7-14所示为将圆四周的符号范例向圆边缘靠近的效果。

图7-13　符号工具组　　　　　　　　　图7-14　移动符号范例的效果

- "符号紧缩器工具" 🐾：用于对符号范例进行紧缩变形。选中符号集合，选择"符号紧缩器工具" 🐾，将鼠标指针移动到符号范例上，按住鼠标左键不放并拖曳鼠标指针，符号范例将被紧缩，如图7-15所示。
- "符号缩放器工具" 🔍：用于对符号范例进行放大操作。选中符号集合，选择"符号缩放器工具" 🔍，将鼠标指针移动到要调整的符号范例上，按住鼠标左键不放并拖曳鼠标指针，符号范例将变大，如图7-16所示。按住【Alt】键不放，可以对符号范例进行缩小操作。

図7-15　紧缩变形符号范例　　　　　　　　図7-16　放大符号范例

- "符号旋转器工具" ：用于对符号范例进行旋转操作。选中符号集合，选择"符号旋转器工具" ，将鼠标指针移动到要旋转的符号范例上，按住鼠标左键不放并拖曳鼠标指针，在鼠标指针中的符号范例将发生旋转，如图7-17所示。
- "符号着色器工具" ：用于使用填充颜色为符号范例上色。在"色板"面板或"颜色"面板中设定一种颜色作为填充色，选中符号集合，选择"符号着色器工具" ，将鼠标指针移动到要填充颜色的符号范例上，按住鼠标左键不放并拖曳鼠标指针，在鼠标指针中的符号范例将被填充为所选的颜色，如图7-18所示。

図7-17　旋转符号范例　　　　　　　　　図7-18　为符号范例上色

- "符号滤色器工具" ：用于增大符号范例的透明度。选中符号集合，选择"符号滤色器工具" ，将鼠标指针移动到要改变透明度的符号范例上，按住鼠标左键不放并拖曳鼠标指针，在鼠标指针中的符号范例的透明度将被增大。按住【Alt】键不放，可以减小符号范例的透明度。
- "符号样式器工具" ：用于将当前样式应用到符号范例中。选中符号集合，选择"符号样式器工具" ，在"图形样式"面板中选中一种样式，将鼠标指针移动到要改变样式的符号范例上，按住鼠标左键不放并拖曳鼠标指针，选中的符号范例将被改变样式，如图7-19所示。

双击任意一个符号工具，都将打开"符号工具选项"对话框，如图7-20所示。在其中可设置笔刷的直径、方法、强度、符号组密度等符号工具的属性，设置完成后单击 确定 按钮。

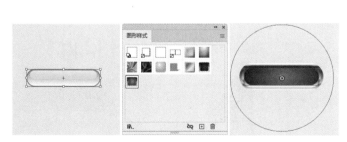

図7-19　改变符号样式　　　　　　　　　図7-20　"符号工具选项"对话框

技能
提升

图7-21所示为某音乐App播放界面，请结合本小节所讲知识，分析该作品并进行练习。

高清彩图

（1）播放界面中哪些按钮和图标可以通过"符号"面板添加？

_____

_____

（2）尝试利用"符号"面板中的符号以及提供的图片（素材\第7章\音乐App播放界面图片.jpg）快速设计一个音乐播放界面，尺寸为640px×1159px，从而举一反三，进行思维的拓展与能力的提升。

效果示例

图7-21　音乐App播放界面

7.2 创建图表

用户通过图表工具可以创建出各种类型的表格，以更好地分析复杂的数据。另外，对图表各部分进行设置，以及将创建的图案应用到图表中，能更加、美观生动地表现数据内容。

7.2.1　课堂案例——制作UI数据可视化数据图表

案例说明： 某App需要对用户参加某项活动的数据进行可视化设计，要求选择合适的图表，使其能快速感知到数据的差异，从而提高数据的可读性。制作时可以选择柱状图来显示新老用户参加活动的数据，用不同颜色代表新老用户数据，以便体现数据差异，参考效果如图7-22所示。

知识要点： 创建图表、编辑图表数据、美化图表。

素材位置： 素材\第7章\UI数据可视化数据图表.ai、活动参与数据.xlsx

效果位置： 效果\第7章\UI数据可视化数据图表.ai

高清彩图

图7-22　UI数据可视化数据图表

设计素养

　　数据可视化是指利用图形、图表、地图和其他可视化元素来表示数据，以便用户直观了解数据并从中发现信息。此外，选择错误的图表类型可能会使用户对数据产生误解。因此设计时需要结合数据特征和目标，选择合适的图表类型。另外需要注意的是，一组数据可以有多种表示方式。

其具体操作步骤如下。

STEP 01 打开"UI数据可视化数据图表.ai"文件，选择"柱形图工具" ，在画板中按住鼠标左键不放并拖曳鼠标指针绘制图表区域，释放鼠标左键将自动建立图表，如图7-23所示。

视频教学：
制作 UI 数据
可视化数据图表

STEP 02 在释放鼠标左键的同时会打开"图表数据"对话框，打开"活动参与数据.xlsx"表格文件，选中其中的全部数据，按【Ctrl+C】组合键复制数据，返回Illustrator工作界面，在"图表数据"对话框中单击第一个单元格，按【Ctrl+V】组合键粘贴数据，此时显示了两位小数，单击"单元格样式"按钮 ，在打开的对话框中将小数位数设置为"0"，单击 确定 按钮取消小数显示，设置完成后单击"图表数据"对话框右上角的"应用"按钮 ，Illustrator将根据数据自动创建图表，如图7-24所示。

图7-23　创建柱状图

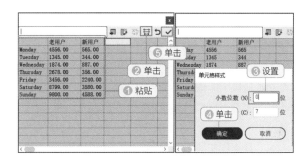

图7-24　输入数据并设置单元格格式

STEP 03 此时图表太大，在图表中单击鼠标右键，在弹出的快捷菜单中选择【变换】/【缩放】命令，打开"比例缩放"对话框，设置等比为"80%"，单击 确定 按钮，如图7-25所示。

STEP 04 选择"直接选择工具" ，在右侧的图例上单击鼠标左键，将其移动到图表下方适当的位置，使其更加适合界面，如图7-26所示。

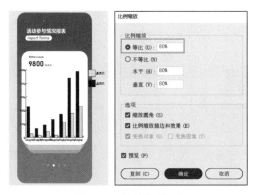

图7-25　等比缩放图表

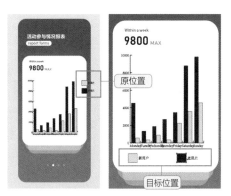

图7-26　调整图例位置

STEP 05 选择"直接选择工具" ▷，选中"新用户"文字左侧的灰色矩形。选择【选择】/【相同】/【填充颜色】命令，选中所有灰色矩形，取消矩形描边，将填充颜色设置为"#4EC1E7"。继续选择所有黑色矩形并取消描边，将填充颜色设置为"#D94F6D"，如图7-27所示。

STEP 06 选择"选择工具" ▶，选中图表，在控制栏中设置描边粗细为"0.25pt"，坐标轴线条将变细，设置字体、字体大小分别为"方正兰亭中黑_GBK、3pt"，使文本显示更加舒适。选择"直接选择工具" ▷，选中下方的图例文本，将字体大小设置为"6pt"，进行放大显示，添加单位文本"（万人）"，调整文字属性，效果如图7-28所示。保存文件，完成本例的制作。

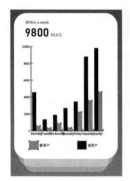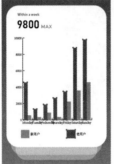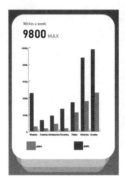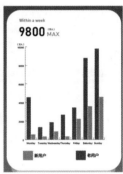

图7-27　更改矩形颜色　　　　　　　　　　图7-28　更改坐标轴与文本字符格式

7.2.2　认识图表工具

在工具箱中的"柱形图工具" ▮▮ 上单击并按住鼠标左键不放，将打开图表工具组，如图7-29所示。该工具组中共有9种图表工具，可以建立9种图表，每种图表都有其自身的特点。用户可以根据不同需要来选择相应的图表工具，创建对应的图表。下面将对9种图表工具的特点进行介绍。

- "柱形图工具" ▮▮：使用该工具创建的图表采用一些竖排的、高度可变的矩形柱来代表数值的大小，矩形的高度与数据的大小成正比，如图7-30所示。
- "堆积柱形图工具" ▮▮：使用该工具可以创建类似于"柱形图表"的图表。柱形图用于对单一的数据进行比较，而堆积柱形图将需要比较的数值叠加在一起，用于显示全部数据总和的比较，如图7-31所示。

　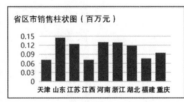　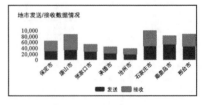

图7-29　图表工具组　　　图7-30　柱形图　　　　　图7-31　堆积柱形图

- "条形图工具" ▬：使用该工具可以创建与"柱形图表"本质一样的图表，采用长度可变的横向矩形条来代表数值的大小，如图7-32所示。

- "堆积条形图工具" ▤：使用该工具可以创建与"条形图表"类似的图表。堆积条形图将需要比较的数值叠加在一起，用于显示全部数据总和的比较，如图7-33所示。它与"堆积柱形图工具" ▥类似。

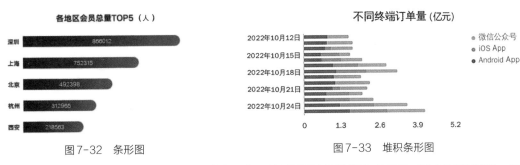

图7-32　条形图　　　　　　　　　　　　图7-33　堆积条形图

- "折线图工具" ↗：使用该工具创建的图表可以用折线连接数据点来表示一组或者多组资料，通过折线的走势表现资料的变化趋势，如图7-34所示。

- "面积图工具" ↗：使用该工具可以创建与"折线图表"类似的图表，只是在折线与水平坐标之间的区域填充不同颜色，以便比较整体数值上的变化，如图7-35所示。

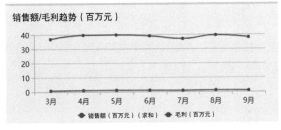
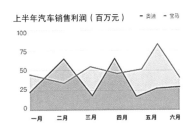

图7-34　折线图　　　　　　　　　　　　图7-35　面积图

- "散点图工具" ▦：使用该工具创建的图表以x轴和y轴为数据坐标轴，两组数据的交叉点形成了坐标点。散点图可以反映数据的变化趋势，如图7-36所示。

- "饼图工具" ◔：使用该工具创建的图表整体显示为一个圆，每组数据按照其在整体中所占的比例，以不同颜色的扇形区域显示出来，如图7-37所示。

- "雷达图工具" ✦：使用该工具创建的图表显示为不规则多边形，能够清晰和直观地显示出各组数据的对比情况，通常用于综合分析多个指标，如图7-38所示。雷达图和其他图不同，它常作为科学研究中的资料表现形式。

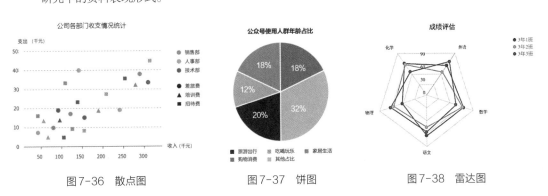

图7-36　散点图　　　　　　图7-37　饼图　　　　　　图7-38　雷达图

7.2.3 创建图表

使用不同图表工具创建图表的方法基本相同。以创建柱形图表为例，选择"柱形图工具" ，在画板中拖曳鼠标指针绘制出一个矩形区域来设置图表大小，或者在画板中单击鼠标左键打开"图表"对话框，如图7-39所示，在其中可设置图表的宽度和高度，单击 确定 按钮，将自动在画板中建立图表，同时打开"图表数据"对话框，输入数据，单击"应用"按钮 ，生成图表，所输入的数据将被应用到图表中。柱形图效果如图7-40所示。

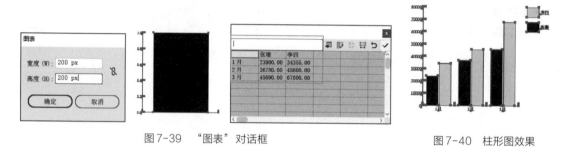

图7-39 "图表"对话框　　　　　　　　　　图7-40 柱形图效果

"图表数据"对话框右上方有一组按钮，下面对这些按钮的功能进行介绍。

- "导入数据"按钮 ：单击该按钮，可以从外部文件中输入数据信息。
- "换位行/列"按钮 ：单击该按钮，可以将横排和竖排的数据相互交换位置。
- "切换X/Y轴"按钮 ：单击该按钮，可以调换X轴和Y轴的位置。
- "单元格样式"按钮 ：单击该按钮，将打开"单元格样式"对话框，可以设置单元格小数点的位数和数字栏的宽度。
- "恢复"按钮 ：单击该按钮，可以使文本框中的数据恢复到前一个状态。
- "应用"按钮 ：单击该按钮，可以确认输入的数值并生成图表。

7.2.4 美化图表

创建的图表一般被默认为黑白灰效果。为满足设计需要，我们可以将其美化。其具体操作方法为：使用"直接选择工具" 选中图表中的图形，可以设置填充、描边等属性来美化图表，也可以变换图形大小、外观等。若选中文本，我们可以通过设置字体、字体大小等文字属性来设置图表文本的显示。图7-41所示为美化图表前后的对比效果。

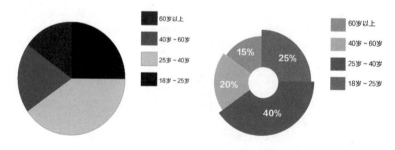

图7-41 美化图表前后的对比效果

编辑图表数据

创建图表后，若需要修改其中的数据，我们可先选择要修改的图表，然后选择【对象】/【图表】/【数据】命令，打开"图表数据"对话框，修改数据后，单击"应用"按钮 ✓，修改后的数据将被应用到选中的图表中。图7-42所示为添加一组数据后的效果。

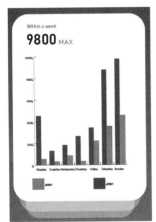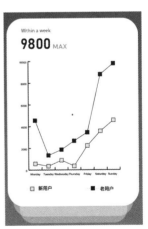

图7-42 添加数据后的效果

转换图表类型

若创建的图表类型不能很好地表现数据，此时可以尝试将其转换为其他类型的图表。在选中的图表上单击鼠标右键，在弹出的快捷菜单中选择"类型"命令，打开"图表类型"对话框，选择其他的图表类型，单击 确定 按钮。图7-43所示为将柱形图更改为折线图前后的效果。

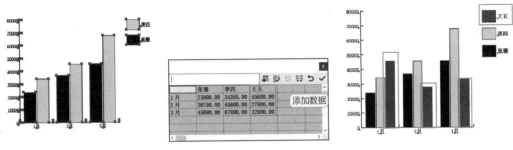

图7-43 将柱形图更改为折线图前后的效果

为图表应用自定义图案

使用自定义图案装饰图表可以增加图表的趣味性，提高图表的美观度。选择自定义图案，然后选择【对象】/【图表】/【设计】命令，打开"图表设计"对话框，单击 新建设计 (N) 按钮新建样式，单击 重命名 (R) 按钮为新建的设计命名，单击 确定 按钮将自定义的图案添加到图表的设计中；选择图表，使用"直接选择工具" ▷ 选中图表中需要更改为图案的图形，选择【对象】/【图表】/【柱形图】命令，打开"图表列"对话框，选择创建的图表设计，设置列类型，单击 确定 按钮即可使用自定义的图形显示数据，如图7-44所示。

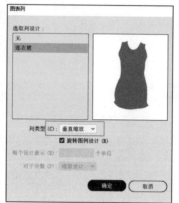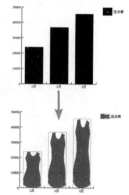

图7-44 为图表应用自定义图案

🔔 提示

　　为图表应用自定义图案时，除了可以统一为图形应用一样的图案，还可以根据需要为不同分组的数据应用不一样的图案，从而提高不同组别数据的辨识度。

技能提升

　　图7-45所示为信用卡使用数据一览表，请结合本小节所讲知识，分析该作品并进行练习。

　　（1）数据一览表中使用了哪些类型的图表？如何对图表进行美化设计？

_____

_____

　　（2）尝试利用图表工具将提供的数据（素材\第7章\居民可支配收入数据.xlsx）制作成居民可支配收入走势报告中的柱形图和折线图，注意美化图表、设计同画板排版，尺寸为1125px×2240px，从而举一反三，进行思维的拓展与能力的升。

高清彩图

效果示例

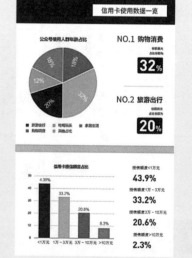

图7-45 信用卡使用数据一览表

7.3 课堂实训

7.3.1 制作 App 登录界面

1. 实训背景

"界面设计"App更新后需要重新设计登录界面，要求尺寸为1125px×2436px，设计的登录界面美观、精致，有着出色的视觉效果，能够引起用户关注。

2. 实训思路

（1）设计登录界面版式。先设计登录界面背景，本例使用手机界面作为登录界面背景，并添加紫色进行装饰，如图7-46所示。然后通过整理分析各种类型的登录页设计案例，将登录界面垂直划分为3栏：Logo区域、登录区域和第三方社交平台快速登录图标区域。其中，登录区域包含了用户名、密码、登录按钮、快速注册、忘记密码；第三方社交平台快速登录图标区域包含了微博登录、微信登录和QQ登录3种常用方式，并在界面最下方显示了帮助链接。

（2）添加按钮和图形。界面中的部分图形和按钮可通过"符号"面板添加。本例中，用户名、密码区域的底纹和图标通过"符号"面板添加，然后取消符号链接，修改符号颜色为蓝色；Logo图标、登录按钮、第三方社交平台快速登录图标均通过绘图工具绘制。为保证界面整洁，登录按钮可与用户名、密码区域的底纹长度保持一致，并为其设置红色，使其突出。最后为Logo图标设置渐变，使其与背景、登录界面区分开来，效果如图7-47所示。

（3）添加文本。在按钮和底纹上添加精简的文字说明，以便引导用户操作。考虑到界面的美观度，本例将设置文本属性，使其适应按钮或图标，将部分文本颜色设置为灰色，起到弱化文本视觉的作用。

本实训完成后的参考效果如图7-48所示。

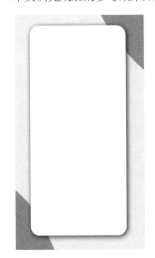

图7-46 设计登录界面背景　图7-47 添加按钮和图形　图7-48 参考效果

效果位置：效果\第7章\App登录界面.ai

3. 步骤提示

STEP 01 新建尺寸为"1125px×2436px"、名称为"App登录界面"的文件，绘制与画板相同大小的矩形，填充为浅紫色；绘制边角以装饰图形，填充为紫色。

STEP 02 绘制圆角矩形，作为手机登录界面，添加投影效果。

STEP 03 绘制Logo标志图形，取消描边，为其创建紫色到蓝色的线性渐变填充效果。

STEP 04 选择【窗口】/【符号】命令，打开"符号"面板，单击"符号库菜单"按钮 ，在弹出的下拉列表中选择打开"Web按钮和条形"符号库，拖曳"选项卡2-白色"符号到画板中，调整符号大小，作为"用户名"底纹使用。

STEP 05 复制符号，作为"密码"底纹使用。继续打开"移动"符号库，拖曳"用户""锁定"符号到画板中，断开符号链接，取消组合，删除多余部分，在控制栏中更改符号颜色为蓝色，置于"用户名""密码"底纹左侧。

STEP 06 绘制登录按钮和第三方登录图标，设置填充颜色。添加按钮和图标文本，引导用户操作。设置文字属性，美化文本。保存文件，完成本例的制作。

视频教学：
制作 App 登录
界面

7.3.2　制作运营报告长图

1. 实训背景

某企业通常会定期分析运营数据，以便发现运营问题，及时制定应对策略。现需要根据整理的运营数据制作一幅运营报告长图海报，以便深度分析数据，从中发现问题。要求尺寸为1125px×2436px，图表类型选择合理，数据表现清晰、直观，给用户眼前一亮的感觉。

2. 实训思路

（1）设计画板框架。绘制浅蓝色的背景，在页头绘制蓝色背景，用于输入报表主题；在页头右侧空白区域添加符号装饰；在页头下方绘制白色圆角矩形，用于放置图表；在图表标题下方放置黄色按钮符号，使图表标题更加突出，如图7-49所示。

（2）选择合适的图表。根据用户数据分析，需要显示不同年龄段用户在用户整体中所占的比例，因此考虑使用饼图工具来创建饼图，以不同颜色的扇形区域显示不同年龄段用户在用户整体中所占的比例。根据上半年销售数据分析，需要直观显示每个月的销量数据，因此考虑使用柱形图工具创建柱形图，使用不同高度的矩形来代表数值的大小，如图7-50所示。

（3）美化图表。在选择了正确的图表类型之后，就要思考如何美化才能让数据产生更好的表达效果。本例考虑根据画板的颜色来搭配图表的颜色。此外，适当调整图表中图形的大小也可以美化图表，比如创建饼图后，调整扇形区域的大小、比例。然后在扇形中心绘制白色的圆，在扇形区域添加文本说明。创建柱形图后，调整柱形的颜色和宽度，使其更加纤细美观，使图表更生动形象。

本实训完成后的参考效果如图7-51所示。

图 7-49　设计画板框架

图 7-50　选择图表

图 7-51　参考效果

高清彩图

素材位置：素材\第7章\运营报告数据.xlsx

效果位置：效果\第7章\运营报告长图.ai

3．步骤提示

STEP 01 新建尺寸为"1125px×2436px"、名称为"运营报告长图"的文件，绘制与画板相同大小的矩形，设置填充色为浅蓝色，在页头绘制蓝色背景，用于输入报表主题。

STEP 02 在页头背景图层上层左侧输入报表主题，设置文字属性。在右侧空白区域添加"通讯"符号库中的"写作"符号作为装饰，断开符号链接，修改符号颜色为黄色、白色，删除多余部分。

视频教学：
制作运营报告
长图

STEP 03 在画板中间绘制白色的圆角矩形，取消描边，用于放置报表区域。添加"Web按钮和条形"符号库中的"选项卡1-橙色"符号作为图表标题底纹，输入图表标题，设置文字属性，在标题下方绘制线条，在控制栏中设置描边粗细以及变量宽度配置文件。

STEP 04 在"用户分析"图表标题左侧添加"照亮流程图"符号库中的"用户"符号装饰。

STEP 05 使用"饼图工具" 为"用户分析"数据创建图表；使用"柱形图工具" 为"上半年销售数据"创建图表。

STEP 06 使用"直接选择工具" 选中全部图表中的元素，设置填充、描边等属性，调整饼图扇形区域和柱形图矩形的缩放比例，设置字体、字体大小等文字属性以美化图表。保存文件，完成本例的制作。

7.4 课后练习

练习 1 制作护眼提示弹出界面

某教育App为增强人性化设计，在用户使用App学习45分钟后，会自动弹出护眼提示界面。现需要对该界面进行设计，要求简洁、美观。制作时可以先新建手机界面作为背景，然后绘制圆角矩形作为护眼提示界面，接着在护眼提示界面中绘制渐变六边形，添加"符号"库中的星星、小草和按钮以装饰界面，最后添加文本。本练习完成后的参考效果如图7-52所示。

效果位置： 效果\第7章\护眼提示弹出界面.ai

练习 2 制作支出汇总表

某企业需要对策划部的支出进行统计分析。现需要根据提供的支出数据，制作支出汇总表，以便更加直观地反映数据，从中发现问题。制作时可以使用堆积柱形图进行各部门支出统计，该图表将需要比较的支出叠加在一起，不仅能进行每月总支出的汇总，还能通过各组支出所占比例反映1~4月各组支出情况。创建图表后，再对图表进行美化。本练习完成后的参考效果如图7-53所示。

素材位置： 素材\第7章\2022年某企业策划部1~4月支出汇总表.ai
效果位置： 效果\第7章\2022年某企业策划部1~4月支出汇总表.ai

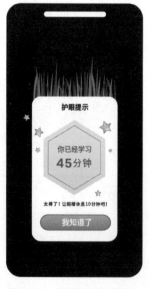

图7-52 护眼提示弹出界面

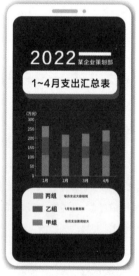

图7-53 支出汇总表

第 **8** 章   图形常见效果运用

在Illustrator中，混合效果、封套效果、图像描摹都是非常实用的图形效果。用户通过混合效果可以实现图形、颜色、线条之间的混合；通过封套效果可以实现对象的自由变形；通过图像描摹可以快速将位图转换为矢量图，以便进行二次创作。

📖 学习目标

◎ 掌握创建与编辑混合效果的方法
◎ 掌握创建与编辑封套效果的方法
◎ 掌握创建图像描摹的方法

◇ 素养目标

◎ 提升对文字和图形特效的审美和鉴赏能力
◎ 培养知识的融会贯通和举一反三能力

◈ 案例展示

制作炫酷立体线条字海报

制作创意运动鞋 Logo

制作麋鹿图标

创建混合对象

Illustrator中提供的混合功能可以实现图形、颜色、线条之间的混合，在两个或多个对象之间生成一系列色彩与形状连续变化的对象。

8.1.1 课堂案例——制作炫酷立体线条字海报

案例说明： 某公司需要为字母"C"设计立体感十足的线条文字海报。现要求利用网格图形创建混合对象，然后将混合路径替换为字母"C"，得到立体线条文字效果，接着修改文字的混合方向，最后利用文本、图形和线条对海报进行排版设计，参考效果如图8-1所示。

知识要点： 创建混合对象、设置混合选项、替换混合轴、反向混合轴。

效果位置： 效果\第8章\炫酷立体线条字海报.ai

高清彩图

图8-1 炫酷立体线条字海报

设计素养

立体字效果是指为文字添加阴影或运用透视原理，营造出文字的立体空间感。需要注意的是，进行文字的立体化处理时，要规范和整理文字的笔画、结构，依据透视或反透视的原理实现。常用的立体字有单层立体字、透视立体字、双层立体字。其中，单层立体字是指为文字增加一层厚度；透视立体字是借助立体字的厚度，以透视的角度营造纵深感；双层立体字除了文字本身具有一层厚度，文字周边也具有一层厚度。

其具体操作步骤如下。

STEP 01 新建尺寸为A4大小、名称为"炫酷立体线条字海报"的文件，选择"椭圆工具" ◯，绘制圆形描边线，在控制栏中设置描边粗细为"2pt"、描边颜色为"#00A0E9"，使用"直接选择工具" ▷ 选择圆形描边线，然后选择"路径橡皮擦工具" ✎，擦除部分路径，形成路径"C"；选择"矩形工具" ▢，在路径右侧绘制矩形，取消描边，设置填充色为"#00A0E9"，如图8-2所示。

STEP 02 选择矩形，然后选择【对象】/【路径】/【分割为网格】命令，打开"分割为网格"对话框，设置行、列数均为"10"，单击 确定 按钮。间隔选择网格中的小矩形，依次设置填充色为"#FFFFFF"，最后框选网格，按【Ctrl+G】组合键组合网格，如图8-3所示。

视频教学：
制作炫酷立体
线条字海报

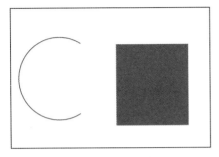

图8-2 绘制弧线和矩形

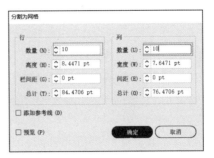

图8-3 将矩形分割为网格

STEP 03 在水平移动网格过程中按住【Alt】键不放复制一个网格，得到具有一定距离的两个网格。同时选取两个网格，双击"混合工具" ，打开"混合选项"对话框，在"间距"下拉列表中选择"指定的步数"选项，设置步数为"300"，单击 确定 按钮，如图8-4所示。

STEP 04 同时选取两个网格，选择【对象】/【混合】/【建立】命令，将两个网格对象创建为混合对象，效果如图8-5所示。

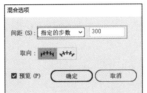

图8-4 设置混合选项

图8-5 创建混合对象

STEP 05 同时选取混合对象和"C"路径，选择【对象】/【混合】/【替换混合轴】命令，可以将混合对象中的混合路径替换为"C"路径，效果如图8-6所示。

STEP 06 选择混合对象，然后选择【对象】/【混合】/【反向混合轴】命令，网格端口将出现在下方，如图8-7所示。

STEP 07 调整混合对象的角度。绘制矩形，设置填充色为"#FccB00"，按【Ctrl+[】组合键将矩形置于底层作为背景。在混合对象下方绘制椭圆，设置填充色为"#FFFFFF"、不透明度为"45%"。输入文本，设置文字属性，绘制线条，进行排版设计，效果如图8-8所示。保存文件，完成本例的制作。

图8-6 替换混合轴

图8-7 反向混合轴

图8-8 排版设计

8.1.2 设置混合选项

在创建混合对象之前，需要修改混合选项的设置，否则系统将采用默认的设置创建混合对象。其具体操作方法为：双击"混合工具" ，或者选择要混合的对象，然后选择【对象】/【混合】/【混合选项】命令，打开"混合选项"对话框，如图8-9所示。在"间距"下拉列表中设置混合模式选项，"平滑颜色"选项可以使混合的颜色保持平滑；"指定的步数"选项可以设置混合对象的步数，图8-10所示为设置"指定的步数"为"3"和"10"的混合对比效果；"指定的距离"选项可以设置混合对象间的距离；在"取向"选项组中单击"对齐页面"按钮 或"对齐路径"按钮 ，设置完成后单击 确定 按钮。

图8-9 "混合选项"对话框

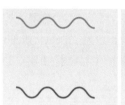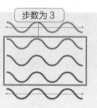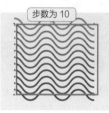

图8-10 步数为3和10的混合对比效果

8.1.3 创建混合对象

设置完混合选项后，选择要混合的两个对象，然后选择【对象】/【混合】/【建立】命令或按【Alt+Ctrl+B】组合键，都可以快速创建混合对象。若要混合对象上的指定锚点，我们可以选择要混合的两个对象，然后选择"混合工具" ，在要混合的起始对象特定锚点上单击鼠标左键作为混合起点，在另一个要混合的目标对象特定锚点上单击鼠标左键作为混合终点，这样将在两个对象之间创建混合对象。选择的锚点不同，混合效果也有所区别。图8-11所示为不同混合终点的混合效果。

图8-11 不同混合终点的混合效果

在Illustrator中，除了可以进行图形形状的混合，还可以进行颜色和线条的混合，如图8-12所示。

图8-12 颜色和线条的混合

8.1.4 编辑混合路径

混合对象由混合路径相连接，自动创建的混合路径默认是直线。使用"直接选择工具" ▷选中混合路径，然后使用钢笔工具组对混合路径进行锚点的添加、删除、编辑等操作，编辑该混合路径的效果如图8-13所示。如果想要将混合对象与已存在的路径结合，我们需要同时选取混合对象和外部路径，选择【对象】/【混合】/【替换混合轴】命令，用外部路径替换掉混合对象中的混合路径，如图8-14所示。如果想要反向混合路径上的混合顺序，我们可以选择混合对象，然后选择【对象】/【混合】/【反向混合轴】命令，效果如图8-15所示。

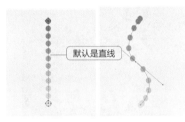

图8-13　编辑混合路径　　　　　图8-14　替换混合路径　　　　　图8-15　反向混合轴

疑难解答 当混合对象与闭合路径结合时，为什么部分路径上没有对象？

混合对象适合开放路径，若要在闭合路径上平均分布对象，我们可以先使用添加锚点工具为闭合路径添加锚点，然后单击"在所选锚点处剪切路径"按钮 ⊿将路径剪断，使其成为开放路径。

提示

创建混合对象后，还可以继续添加其他混合对象。其具体操作方法为：选择"混合工具" ⌐，将鼠标指针移动至最后一个混合对象路径的节点上单击鼠标左键，接着在想要添加的其他对象路径节点上单击鼠标左键。

8.1.5 反向堆叠混合对象

选择混合对象，然后选择【对象】/【混合】/【反向堆叠】命令，混合对象的堆叠顺序将被改变，改变前后的对比效果如图8-16所示。

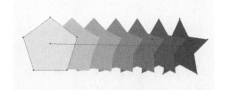

图8-16　混合对象改变堆叠顺序前后的对比效果

8.1.6 扩展或释放混合对象

选择混合对象，然后选择【对象】/【混合】/【扩展】命令，混合对象将被打散为多个对象。打散后，可选择混合对象中的任意对象。当不需要混合对象时，可以选择混合对象，然后选择【对象】/【混合】/【释放】命令或按【Alt+Shift+Ctrl+B】组合键释放混合对象。

技能提升

图8-17所示为通过网络搜集的一幅混合渐变效果海报，请结合本小节所讲知识，分析该作品并进行练习。

（1）该海报的渐变图形效果是如何制作出来的？

高清彩图

（2）尝试制作类似图形效果的混合渐变海报，利用混合功能以螺旋线为基本图形创建混合图形，然后扩展混合图形，进行变形操作，最后适当进行排版设计，尺寸为A4大小，从而举一反三，进行思维的拓展与能力的提升。

效果示例

图8-17　混合渐变效果海报

8.2

创建封套扭曲对象

在Illustrator中，封套扭曲是较灵活、较具可控性的变形功能之一，可以使对象按封套的形状发生变形。用户创建封套扭曲对象后，还可以编辑封套和对象，使其满足设计需求。

8.2.1 课堂案例——制作创意运动鞋 Logo

案例说明： 某运动鞋品牌需要在Logo中添加名称，要求将品牌名称与鞋子图标相结合，具有创意性，从而给顾客留下深刻的印象。为了将品牌名称自然融入鞋子图标中，我们可以以图形为封套，为品牌名称文本创建封套扭曲对象，参考效果如图8-18所示。

知识要点： 分割、创建封套扭曲对象。

素材位置： 素材\第8章\创意运动鞋Logo.ai

效果位置： 效果\第8章\创意运动鞋Logo.ai

高清彩图

视频教学：
制作创意运动鞋
Logo

图8-18　创意运动鞋Logo

设计素养

　　Logo设计是品牌形象设计的核心元素，因此要创意新颖独特，以区别于其他品牌Logo。在Logo设计的过程中，不仅应该定位精准，还应该符合品牌所属行业的属性和气质。

其具体操作步骤如下。

STEP 01 打开"创意运动鞋Logo.ai"文件，选择鞋子图形，然后选择【对象】/【路径】/【偏移路径】命令，打开"偏移路径"对话框，设置位移为"-10pt"，单击 确定 按钮，得到缩小的鞋子图形，如图8-19所示。

STEP 02 选择"钢笔工具" ✏，在缩小的鞋子图形上绘制一条分割线，选择分割线和鞋子图形，然后选择【窗口】/【路径查找器】命令，打开"路径查找器"面板，在"路径查找器"选项组中单击"分割"按钮 ■，如图8-20所示。

图8-19　偏移路径

图8-20　分割图形

STEP 03 按【Shift+Ctrl+G】组合键取消组合，删除分割后的右侧图形，复制"sports"文本，更改文本颜色为"#000000"，选择分割后的左侧图形，缩小图形高度，按【Shift+Ctrl+]】组合键将图形置于顶层，如图8-21所示。

STEP 04 同时选中编辑后的"sports"文本和分割后的左侧图形，选择【对象】/【封套扭曲】/【用顶层对象建立】命令，为文本建立封套效果，调整封套对象高度，如图8-22所示。保存文件，完成本例的制作。

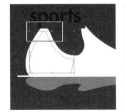

图8-21　缩小图形高度并置于顶层

图8-22　创建封套扭曲

8.2.2 创建封套

当需要通过封套来改变对象的形状时，既可以使用预设的变形形状或网格创建封套，也可以利用画板上的路径对象来创建封套。下面进行具体介绍。

- 使用预设的变形形状创建封套：选中对象，选择【对象】/【封套扭曲】/【用变形建立】命令或按【Alt+Shift+Ctrl+W】组合键，打开"变形选项"对话框，在"样式"下拉列表中选择需要的封套类型选项。其中，"水平""垂直"单选按钮用于指定封套类型的放置位置。选择封套类型后，可设置弯曲程度、水平或垂直方向上的扭曲效果。勾选"预览"复选框，可预览设置后的封套效果，完成后单击（确定）按钮，设置好的封套将被应用到选定的对象中。图8-23所示为圆角矩形和字母创建"膨胀"变形封套前后的对比效果。

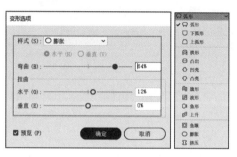

图8-23 使用预设的形状创建封套

- 使用网格创建封套：选中对象，选择【对象】/【封套扭曲】/【用网格建立】命令或按【Alt+Ctrl+M】组合键，打开"封套网格"对话框，设置网格的行数和列数，单击（确定）按钮，设置完成的网格封套将被应用到选定的对象中。此时选择钢笔工具组中的工具编辑锚点或使用"直接选择工具" ▷拖曳封套上的锚点可编辑网格封套，也可通过"网格工具" 拖曳网格点改变对象的形状。在网格封套扭曲上单击鼠标左键，可以增加对象上的网格数；若按住【Alt】键不放，在对象上的网格点和网格线上单击鼠标左键，可以减少网格封套的行数和列数。图8-24所示为文本和白色矩形创建网格封套，并编辑网格封套外观的效果。

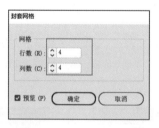

图8-24 使用网格创建封套

- 使用路径创建封套：将封套路径置于对象的上层，同时选中对象和作为封套的路径，选择【对象】/【封套扭曲】/【用顶层对象建立】命令或按【Alt+Ctrl+C】组合键，对象将被置于封套路径内，并产生变形效果，以适应封套。图8-25所示为使用路径为文字创建封套的效果。

图8-25　使用路径创建封套

8.2.3　设置封套选项

创建封套扭曲图形后，可以对封套选项进行设置，使封套更好地符合图形绘制的要求。其具体操作方法为：选择封套扭曲对象，然后选择【对象】/【封套扭曲】/【封套选项】命令，打开"封套选项"对话框，如图8-26所示。勾选"消除锯齿"复选框，可以消除封套变形图形的锯齿，保持图形的清晰度。在编辑非直角封套时，可以单击选中"剪切蒙版"和"透明度"单选按钮保护图形。"保真度"可以设置对象适合封套的保真度。当勾选"扭曲外观"复选框后，"扭曲线性渐变填充"和"扭曲图案填充"复选框将被激活，分别用于扭曲对象的线性渐变填充和图案填充。图8-27所示为扭曲图案填充前后的对比效果。

图8-26　"封套选项"对话框

图8-27　扭曲图案填充前后的对比效果

8.2.4　编辑封套

创建封套扭曲对象后，选择【对象】/【封套扭曲】/【用变形重置】命令或【用网格重置】命令，都可以使用预设的形状或网格重新创建封套，也可以对封套形状或封套内的对象进行编辑，以满足设计需求。

1. 编辑封套形状

使用"直接选择工具" ▷.或"网格工具" 📧拖曳封套上的任意锚点，可以更改封套外观。若要删除网格上的锚点，使用"直接选择工具" ▷.或"网格工具" 📧选中该锚点，然后按【Delete】键删除即可。若要向网格内添加锚点，使用"网格工具" 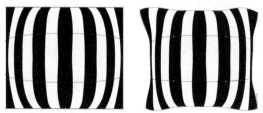 在网格上单击鼠标左键即可。图8-28所示为将矩形封套外观修改为抱枕形状。

2．编辑封套内容

选择封套扭曲对象，然后选择【对象】/【封套扭曲】/【编辑内容】命令或按【Shift+Ctrl+V】组合键，对象将会显示原来的选择框，而在"图层"面板中的封套图层左侧将会显示一个小三角形，这表示可以修改封套中的内容。图8-29所示为修改封套中纵向矩形条为横向的对比效果。编辑完封套内容后，可选择【对象】/【封套扭曲】/【编辑封套】命令，恢复封套状态。

图8-28　编辑封套形状

图8-29　编辑封套内容

8.2.5　删除封套

创建封套扭曲对象后，可以通过释放封套或扩展封套的方式来删除封套。其具体操作方法为：选择封套扭曲对象，然后选择【对象】/【封套扭曲】/【释放】命令或按【Alt+Shift+Ctrl+B】组合键释放封套对象，可创建两个单独的对象，分别为保持原始状态的对象和封套形状的对象。选择封套扭曲对象，然后选择【对象】/【封套扭曲】/【扩展】命令扩展封套扭曲对象，可以删除封套，但对象仍保持扭曲变形。

技能提升

图8-30所示为通过网格搜集的封套扭曲变形字海报，请结合本小节所讲知识，分析该作品并进行练习。

（1）该海报中的扭曲变形字效果如何创建？有几种创建封套扭曲的方法？

高清彩图

（2）尝试利用封套扭曲功能为单词"TRANSFORM"创建网格封套，调整网格，制作具有扭曲变形效果的A4大小扭曲变形海报，最后适当进行排版设计，从而举一反三，进行思维的拓展与能力的提升。

效果示例

图8-30　封套扭曲变形字海报

8.3 创建图像描摹

用户利用图像描摹功能可以快速将位图转换为矢量图。转换后，若对效果不满意，我们还可以扩展矢量图，然后进行路径、填充和描边等编辑操作。

8.3.1 课堂案例——描摹位图制作麋鹿图标

案例说明： 某品牌需要重新设计以"麋鹿"为原型的图标，要求选择合适的麋鹿剪影素材，用以制作500pt×500pt大小的图标。制作时可以先采用"剪影"的方式描摹图像，然后扩展描摹后的图形，更改填充色，最后添加文本制作麋鹿图标，参考效果如图8-31所示。

知识要点： 创建图像描摹、扩展图像描摹。

素材位置： 素材\第8章\麋鹿头像.png

效果位置： 效果\第8章\麋鹿图标.ai

高清彩图

图8-31　麋鹿图标

设计素养

在平面设计中，如果使用绘图工具会降低工作效率，此时合理利用图像描摹功能可以快速得到矢量图标，对绘制单色图标十分方便。

其具体操作步骤如下。

STEP 01 新建尺寸为"500pt×500pt"、名称为"麋鹿图标"的文件，选择【文件】/【置入】命令，打开"置入"对话框，选择"麋鹿头像.png"图像，取消"链接"复选框，单击 置入 按钮，沿着画板大小拖曳鼠标置入麋鹿图像，如图8-32所示。

STEP 02 选择置入的麋鹿图像，在控制栏中单击 图像描摹 ▼ 按钮，在弹出的下拉列表中选择"剪影"选项，如图8-33所示。

视频教学：描摹位图制作麋鹿图标

图8-32　置入图像

图8-33　选择"剪影"选项

STEP 03 选择【对象】/【图像描摹】/【扩展】命令，将描摹转换为路径，设置填充色为"#26938F"，如图8-34所示。

STEP 04 输入与图标颜色相同的文本，设置英文字体为"Bauhaus 93"、"麋鹿生活"字体为"方正品尚准黑简体"，调整字符间距、字体大小，绘制两个与图像颜色相同的圆点以装饰文本，如图8-35所示。保存文件，完成本例的制作。

图8-34　重新填充颜色　　　　　　　　　　图8-35　输入文本并绘制圆点

8.3.2　创建预设图像描摹

置入并选择图像，然后选择【对象】/【图像描摹】/【建立】命令，会默认采用描摹选项描摹图像。若需要选择其他描摹效果选项，我们可以在选择图像后，在控制栏中单击 图像描摹 按钮，弹出的下拉列表中提供了多种预设描摹效果选项，如图8-36所示。选择不同预设描摹效果选项会得到不同的预设图像描摹效果，如图8-37所示。

图 8-36　预设描摹效果选项　　　　　　　图 8-37　不同的预设图像描摹效果

8.3.3　自定义图像描摹

选择图像，然后选择【窗口】/【图像描摹】命令，打开"图像描摹"面板，如图8-38所示。该面板中有一些基本选项，如预设、视图、模式、阈值等，若单击"高级"标签左侧的▶按钮可显示更多的选项，用于设置路径、边角、杂色、方法、创建、描边等高级选项。图8-39所示为不同阈值的黑白描摹效果，阈值越大，黑色区域越多。

图8-38 "图像描摹"面板

图8-39 不同阈值的黑白描摹效果

8.3.4 扩展与释放图像描摹

若要编辑描摹后的对象，需先对其进行扩展。其具体操作方法为：选择描摹对象，单击控制栏中的 扩展 按钮或选择【对象】/【图像描摹】/【扩展】命令，即可将描摹转换为路径，扩展后的对象通常为编组对象，选中并在该对象上单击鼠标右键，在弹出的快捷菜单中选择"取消编组"命令，即可取消编组，然后对各个部分的填充、描边等属性进行更改。图8-40所示为更改描摹对象部分背景的填充色。在描摹对象未被扩展前，选择描摹对象，选择【对象】/【图像描摹】/【释放】命令可恢复描摹对象的位图状态。

图8-40 更改描摹对象部分背景的填充色

技能提升

图8-41所示为头像图标效果，请结合本小节所讲知识，分析该作品并进行练习。

（1）如何将人物头像更改为黑白徽标效果？怎样才能编辑描摹对象？

高清彩图

（2）尝试描摹人物头像（素材\第8章\人物.png），制作头像图标。先进行黑白徽标描摹，再扩展描摹图像，修改配色，最后裁剪头像图标到圆中，从而举一反三，进行思维的拓展与能力的提升。

效果示例

图8-41 头像图标

8.4
课堂实训

8.4.1 制作冲击感效果海报

1. 实训背景

某广告公司准备制作以"色彩冲击 寻找新视觉"为主题，且冲击感效果强烈的海报，要求尺寸为A4，海报色彩艳丽，具有视觉冲击力，能够第一时间吸引用户的眼球。

2. 实训思路

（1）选择构图方式。具有视觉冲击力的构图方式有发散构图、螺旋构图、仰视构图、俯视构图、鱼眼镜头等。本例将结合螺旋构图和仰视构图，通过旋涡式线条呈现出一幅旋涡样式的画面，通过线条的下粗上细呈现出仰视构图效果。

（2）添加混合效果。单一的线条很难形成视觉冲击力，为线条赋予宽度、色彩才能吸引用户的眼球。为增加设计感，再绘制渐变星形，复制星形并调整大小和角度，为星形添加富有色彩变化的混合效果，如图8-42所示。将绘制的曲线作为混合轴，使其呈现出色彩、粗细的变化，形成视觉冲击力，效果如图8-43所示。

（3）排版设计。将混合曲线效果通过剪切蒙版放置到页面中，在空白位置添加文本，调整文字属性、文本角度，对文本进行排版设计。

本实训完成后的参考效果如图8-44所示。

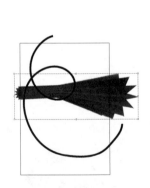

图8-42 绘制线条和星形

图8-43 混合轴效果

图8-44 参考效果

效果位置： 效果\第8章\冲击感效果海报.ai

3. 步骤提示

STEP 01 新建尺寸为A4、名称为"冲击感效果海报"的文件，使用"铅笔工具" ✎ 绘制曲线，绘制后可编辑线条锚点，精确修改线条外观。

STEP **02** 绘制星形，为其添加蓝色、紫色、红色的线性渐变效果，复制两个星形，拉开一定距离放置，调整3个星形的大小、角度，使中间星形小、右侧星形大。选择3个星形，然后选择【对象】/【混合】/【建立】命令创建混合效果，双击"混合工具" ，在"混合选项"对话框中设置合适的混合步数，完成后单击 按钮。

STEP **03** 同时选择绘制的线条和创建的混合效果，选择【对象】/【混合】/【替换混合轴】命令，可以替换混合对象中的混合路径为绘制的路径。

STEP **04** 绘制与画板相同大小的矩形，同时选择矩形和混合对象，单击鼠标右键，在弹出的快捷菜单中选择"建立剪切蒙版"命令，将混合效果剪切到矩形中。

STEP **05** 添加文本，设置文字属性，适当进行排版设计。保存文件，完成本例的制作。

视频教学：
制作冲击感效果
海报

8.4.2 制作渐变光圈音乐海报

1. 实训背景

某音乐厅即将举行一场音乐演唱会，现提供了演唱会的票价、时间、地点等内容。要求使用这些内容为该音乐演唱会设计宣传海报，用于推广演唱会，其尺寸为A4大小，且采用渐变光圈来为海报打造绚丽夺目的效果。

2. 实训思路

（1）设计渐变光圈。为体现音乐跳动感，采用波动的渐变线条来打造光圈效果。本例中的渐变颜色将采用黄绿色和蓝色形成色彩冲击，利用混合功能将渐变圆描边制作成同心圆效果。扩展混合对象后，利用褶皱工具打造描边不规则的变换，不断调整褶皱参数，直到显示为需要的褶皱效果，继续利用膨胀工具使描边向圆形边缘靠近，形成渐变光圈效果，如图8-45所示。

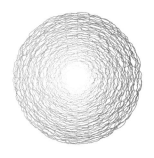

图8-45 制作渐变光圈效果

（2）添加封套变形。通过封套变形可以将丝球效果的外观更改为需要的任意形状。本例将复制一个丝球效果，使用变形工具进行简单的变形处理，制作气泡。继续复制一个丝球效果，利用封套扭曲首先将丝球效果置入海豚图形中，然后用网格创建封套扭曲，调整锚点，使内容更加适合封套，如图8-46所示。

（3）排版设计。将丝球效果放大，在中间放置海豚线条效果和气泡线条效果，复制丝球效果，调整不透明度，制作倒影，在倒影上添加文本，设置文字属性，绘制线条，添加音乐图标，进行排版设计。

本实训完成后的参考效果如图8-47所示。

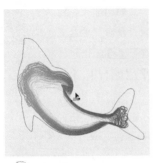

图8-46　添加封套变形　　　　　　　　　　　图8-47　参考效果

素材位置：素材\第8章\音乐图标.ai、海豚.ai
效果位置：效果\第8章\渐变光圈音乐海报.ai

3．步骤提示

STEP 01 新建尺寸为A4大小、名称为"渐变光圈音乐海报"的文件，绘制一个圆形，取消填充，设置描边粗细，为描边添加线性渐变颜色，按【Ctrl+C】组合键和【Ctrl+F】组合键原位粘贴，将粘贴的圆缩小在中心。

STEP 02 框选两个圆，按【Ctrl+Alt+B】组合键创建混合效果，双击"混合工具" ，设置间距为"指定的步数"，并设置合适的步数值，单击 确定 按钮。

视频教学：
制作渐变光圈
音乐海报

STEP 03 选择混合对象，然后选择【对象】/【混合】/【扩展】命令，扩展混合对象。双击"褶皱工具" ，设置笔画高度和宽度，笔画大小刚好覆盖创建的混合对象，设置强度、褶皱参数，单击 确定 按钮，在混合对象中心处单击鼠标左键为线条添加褶皱效果。

STEP 04 选择"膨胀工具" ，在混合对象中心处单击鼠标左键为线条添加膨胀效果，得到一个炫酷线条球形效果。按【Ctrl+C】组合键和【Ctrl+V】组合键复制一个渐变丝球效果。

STEP 05 添加海豚素材，将海豚图层放置到上层，选择线条球形效果和海豚图形，然后选择【对象】/【封套扭曲】/【用顶层对象建立】命令，将渐变丝球效果置于海豚图形内。

STEP 06 此时发现线条不能完美地与海豚图形相结合，选择封套扭曲对象，然后选择【对象】/【封套扭曲】/【用网格重置】命令，使用网格工具调整锚点，将渐变线条效果调整到海豚图形边缘。继续复制线条球形效果，使用"变形工具" 进行变形，制作渐变丝球气泡效果。

STEP 07 按【Ctrl+C】组合键和【Ctrl+V】组合键复制一个渐变丝球效果，设置不透明度，利用剪切蒙版将其裁剪到页面下方，制作倒影效果。

STEP 08 添加文本和音乐图标，设置文字属性，绘制线条，适当进行排版设计。保存文件，完成本例的制作。

课后练习

练习 **1** 制作混合渐变 Logo

某公司上市后需要重新设计Logo，名称为"Triangular"。原Logo外观为三角形，要求在此基础上进行创新设计，设计后的Logo简洁美观、高端大气。制作时要想加入混合渐变效果提升Logo质感，先绘制一个白色描边的三角形，加粗描边，设置边角为圆角，然后复制该图形并进行旋转，将描边色更改为蓝色，选中两个三角形创建混合效果，设置混合步数，最后添加文字进行排版即可。本练习完成后的参考效果如图8-48所示。

效果位置： 效果\第8章\混合渐变Logo.ai

高清彩图

图8-48 混合渐变Logo

练习 **2** 制作球形圆点图标

某网页需要使用球形圆点图标来装饰页面。制作时可以先创建蓝色径向渐变背景，绘制整齐排列的多个白色圆点图案，然后绘制圆并将其置于上层，以圆为封套全选圆点和圆，为圆点创建封套扭曲效果，最后为文本添加预设的鱼形封套变形效果。本练习完成后的参考效果如图8-49所示。

效果位置： 效果\第8章\球形圆点图标.ai

高清彩图

图8-49 球形圆点图标

第 **9** 章 图形特殊效果运用

Illustrator的"效果"菜单命令包括"3D和材质""变形"等效果类子菜单命令组，其大致分为矢量图效果和位图效果。这些效果可以使对象在形态上产生变化，或者在外观上呈现出特殊的效果。此外，Illustrator将一些效果加以特定的组合而形成图形样式，可供用户快速完成一些特殊效果的制作。用户添加效果或图形样式后，还可以在"外观"面板中对其重新进行编辑。

📖 学习目标

◎ 掌握矢量图效果和位图效果的添加方法
◎ 掌握应用与管理图形样式的方法

◇ 素养目标

◎ 提高对图形效果的视觉审美能力
◎ 培养空间想象能力，提升创新精神与协作能力

◈ 案例展示

制作3D插画　　　　　制作"520勇敢追爱"海报　制作粒子消散特效

9.1 矢量图效果

这里的矢量图效果即Illustrator效果。Illustrator效果可以同时应用于矢量图和位图对象，它包括多个效果组，有些效果组中又包括多个效果。下面对常用效果组进行介绍。

9.1.1 课堂案例——制作 3D 插画

案例说明： 某网站需要将一款普通的图标制作成3D插画，为网页界面营造立体空间感，增强视觉吸引力，降低网站跳出率，其尺寸要求为640px×5480px。制作时可以为图标中的元素创建3D突出效果、设置三维视图的旋转角度、添加投影，从而得到3D插画效果，参考效果如图9-1所示。

知识要点： 3D效果、风格化效果。

素材位置： 素材\第9章\图标.ai

效果位置： 效果\第9章\3D插画.ai

高清彩图

图9-1　3D插画

设计素养

3D 插画是指使用具有几何形状的图层、阴影、深度和颜色为插画中的元素创建 3D 效果。3D 插画增加了数字空间的深度，增强了其视觉吸引力，是近年来网页设计中常用的元素，被广泛应用在商业领域中。

其具体操作步骤如下。

STEP 01 新建尺寸为"640px×480px"、名称为"3D插画"的文件，绘制与画板大小相同的矩形，创建线性渐变填充，设置渐变颜色为"#65AAFC""#1E65E2"。打开并复制"图标.ai"文件中的圆角矩形，粘贴到"3D插画"文件中，创建线性渐变填充，设置渐变颜色为"#FFFFFF""#3683F2"，如图9-2所示。

视频教学：制作 3D 插画

STEP 02 选择圆角矩形，然后选择【效果】/【3D和材质】/【旋转】命令，打开"3D和材质"面板，选择"对象"选项卡，在"旋转"栏中设置旋转参数为"45°、40°、30°"，得到三维旋转效果，如图9-3所示。

图9-2　绘制图形并创建渐变填充

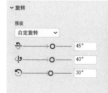
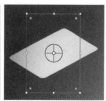
图9-3　三维旋转对象

STEP 03 在"3D和材质"面板中选择"对象"选项卡，单击"凸出"按钮，设置深度为"10px"，得到三维圆角矩形，如图9-4所示。

STEP 04 在"3D和材质"面板中选择"光照"选项卡，单击"左上"按钮，调整光源位置，将光的强度更改为"200%"，使对象整体提亮，如图9-5所示。

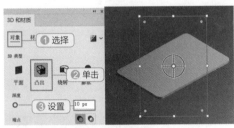

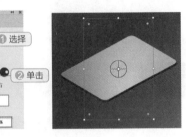

图9-4　设置凸出深度　　　　　　　　图9-5　调整光源位置

STEP 05 单击"暗调"栏中的 按钮，将暗调开关打开，在"位置"下拉列表中选择"对象背面"选项，设置到对象的距离为"3%"、阴影边界为"50%"，得到黑色投影效果，如图9-6所示。

STEP 06 复制"图标.ai"文件中的用户图标，粘贴到"3D插画"文件中，设置旋转角度为"90°"，在"3D和材质"面板中选择"对象"选项卡，单击"平面"按钮，在"旋转"栏的"预设"下拉列表中选择"等角-上方"选项，调整位置，置于立体圆角矩形上，如图9-7所示。

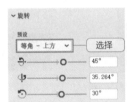
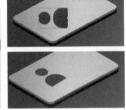

图9-6　调整暗调和阴影边界　　　　　图9-7　创建三维旋转

STEP 07 选择【效果】/【风格化】/【投影】命令，打开"投影"对话框，设置不透明度、X位移、Y位移，模糊值分别为"75%、10px、10px、0px"，并设置颜色为"#AACDE5"，单击 确定 按钮，效果如图9-8所示。

STEP 08 复制"图标.ai"文件中的蓝色线条，粘贴到"3D插画"文件中，使用与步骤06相同的方法创建相同的三维旋转效果，如图9-9所示。

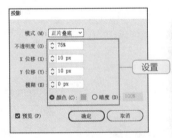

图9-8　添加投影　　　　　　　　　图9-9　绘制线条创建三维旋转

STEP 09 绘制聊天图标，设置图标底纹和装饰圆的填充颜色分别为"#0FB76B、#FFFFFF"，选择装饰圆和聊天图标，按【Ctrl+G】组合键组合在一起，如图9-10所示。

STEP 10 选择聊天图标，然后选择"对象"选项卡，单击"平面"按钮■，在"旋转"栏的"预设"下拉列表中选择"等角-右方"选项，单击"凸出"按钮，设置深度为"10px"，得到三维聊天图标。最后添加文字进行排版，3D效果如图9-11所示。保存文件，完成本例的制作。

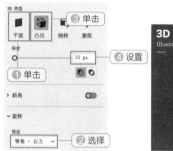

图9-10 绘制聊天图标

图9-11 添加3D效果

9.1.2 3D 效果

3D效果可以将开放路径、封闭路径或位图中的2D对象转换为可以旋转、打光和投影的三维对象。选择2D对象，然后选择【效果】/【3D和材质】命令中的任意子命令，将打开"3D和材质"面板，用于设置3D效果。该面板中包含4种创建3D对象的方式，即平面、凸出、绕转、膨胀。

- 平面：选择2D对象，在"3D和材质"面板中选择"对象"选项卡，单击"平面"按钮■，在"旋转"栏中可以设置2D对象在三维空间的旋转角度，如图9-12所示。

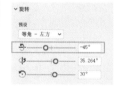

图9-12 旋转3D效果

- 凸出：选择2D对象，在"3D和材质"面板中选择"对象"选项卡，单击"凸出"按钮，设置深度参数，可使原始2D对象增加深度，得到3D对象，如图9-13所示。在"斜角"栏中单击"将斜角添加到凸出"按钮 ，在展开的面板中设置斜角形状、宽度、高度、重复等参数，可以将斜角添加到凸出效果中，如图9-14所示。

图9-13 凸出3D效果

图9-14 将斜角添加到凸出效果中

- 绕转：选择2D对象，在"3D和材质"面板中选择"对象"选项卡，单击"绕转"按钮，设置绕转角度、位移等参数，可使原始2D对象围绕垂直轴旋转，得到3D对象，如图9-15所示。

● 膨胀：选择2D对象，在"3D和材质"面板中选择"对象"选项卡，单击"膨胀"按钮 ，设置膨胀参数，可在原始2D对象上增加膨胀效果，如图9-16所示。

图9-15　绕转3D效果

图9-16　膨胀3D效果

🔔 提示

　　使用"突出与斜角"或者"绕转"命令创建3D效果时，可以在"3D和材质"面板中选择"光照"选项卡，设置光源参数，生成更多的光影变化，这样对象将更具立体感，且更加真实。此外，在"3D和材质"面板中选择"材质"选项卡，可设置调整3D对象表面效果的参数。

9.1.3 　"风格化"效果

　　选择【效果】/【风格化】命令，在弹出的菜单中有内发光、圆角、外发光、投影、涂抹、羽化等6种效果命令。

● 内发光：选中要添加内发光效果的对象，选择【效果】/【风格化】/【内发光】命令，打开"内发光"对话框，设置内发光参数，单击 确定 按钮，对象的内发光效果如图9-17所示。

● 圆角：选中要添加圆角效果的对象，选择【效果】/【风格化】/【圆角】命令，打开"圆角"对话框，设置圆角半径参数，单击 确定 按钮，对象的圆角效果如图9-18所示。

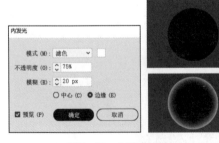

图9-17　内发光效果

图9-18　圆角效果

● 外发光：选中要添加外发光效果的对象，选择【效果】/【风格化】/【外发光】命令，打开"外发光"对话框，设置外发光参数，单击 确定 按钮，对象的外发光效果如图9-19所示。

● 投影：选中要添加投影的对象，选择【效果】/【风格化】/【投影】命令，打开"投影"对话框，设置投影参数，单击（确定）按钮，对象的投影效果如图9-20所示。

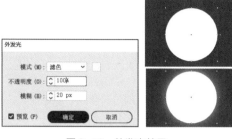
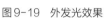

图9-19 外发光效果

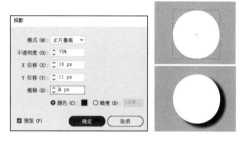

图9-20 投影效果

● 涂抹：选中要添加涂抹效果的对象，选择【效果】/【风格化】/【涂抹】命令，打开"涂抹选项"对话框，设置涂抹参数，单击（确定）按钮，对象的涂抹效果如图9-21所示。

● 羽化：选中要羽化的对象，选择【效果】/【风格化】/【羽化】命令，打开"羽化"对话框，设置羽化半径参数，单击（确定）按钮，对象的羽化效果如图9-22所示。羽化对象后，对象从中心实心颜色到边缘逐渐过渡为无色。

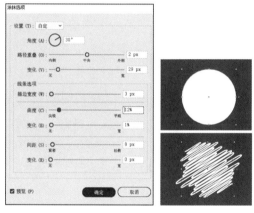

图9-21 涂抹效果

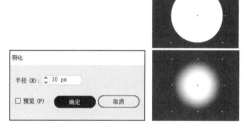

图9-22 羽化效果

9.1.4 课堂案例——制作"520勇敢追爱"海报

案例说明： 某节目需要制作创意海报，传递"520 勇敢追爱"主题，以及"甜蜜说爱 为爱告白"口号。制作时可以先利用矩形和圆的联集绘制心形，然后利用"扭曲和变换"效果组中的"变换"效果得到旋转爱心效果，最后利用文本、圆进行排版设计，对部分文本进行鱼眼变形，得到需要的图形海报，参考效果如图9-23所示。

知识要点： 创建"扭曲和变换"效果、创建变形效果。

效果位置： 效果\第9章\"520勇敢追爱"海报.ai

高清彩图

图9-23 "520勇敢追爱"海报

✎ 设计素养

　　图形创意是海报的重要表现形式之一。在设计图形创意海报时，需要根据主题要求，经过精心策划和思考，通过恰当的艺术方式去创造性地构思图形。而构思图形需要具有大胆新奇的构思，以及强烈的视觉冲击力，能够引起用户注意。

其具体操作步骤如下。

STEP 01 新建尺寸为"210mm×297mm"、名称为"'520勇敢追爱'海报"的文件，绘制一个正方形，再绘制与正方形相同大小的两个圆，叠放成图9-24所示的形状。

STEP 02 同时选择矩形和两个圆，然后选择【窗口】/【路径查找器】命令，打开"路径查找器"面板，在"形状模式"选项组中单击"联集"按钮 ▪，得到图9-25所示的心形形状。

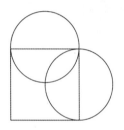

图9-24　绘制正方形和圆

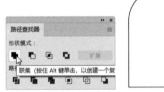

图9-25　联集图形

视频教学：
制作"520勇敢追爱"海报

STEP 03 选择心形形状，然后选择【效果】/【扭曲和变换】/【变换】命令，打开"变换效果"对话框，在"缩放"栏中设置水平、垂直均为"90%"，在"旋转"栏中设置角度为"-6°"，设置副本为"20"，单击 确定 按钮，得到图9-26所示的变换效果。

STEP 04 选择变换后的图形，然后选择【对象】/【变换】/【旋转】命令，设置角度为"45°"，单击 确定 按钮，将心形放正，如图9-27所示。

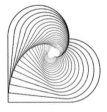

图9-26　设置变换效果

图9-27　旋转图形

STEP 05 选择放正后的心形，然后选择【对象】/【扩展外观】命令，将心形扩展呈多个心形效果。选择心形组，在控制栏中取消描边，设置填充色为"#FFFFFFFF"，选择"实时上色工具" ▪，设置填充色为"#D51261"，在心形的间隔缝隙处单击鼠标左键，得到图9-28所示的间隔填充效果。

STEP 06 绘制与画板大小相同的矩形，设置填充色为"#D51261"，按【Ctrlt+[】组合键将其置于底层作为背景使用，然后绘制圆点，添加文字并适当进行倾斜。选择"520"文本，然后选择【效果】/【变形】/【鱼眼】命令，打开"变形选项"对话框，设置弯曲为"50%"，在"扭曲"栏中设置水平为"7%"、垂直为"0%"，单击 确定 按钮，如图9-29所示。保存文件，完成本例的制作。

图9-28　实时上色

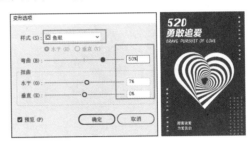

图9-29　添加鱼眼变形

9.1.5 "变形"效果

　　选择【效果】/【变形】命令，在弹出的子菜单中有弧形、拱形、凸出、波形、鱼形、鱼眼、膨胀等效果命令。选择任意一个变形命令，将打开对应的"变形选项"对话框，在其中可设置变形样式位置、参数，单击 确定 按钮，得到变形效果，如图9-30所示。

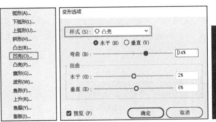

图9-30　"变形"效果

9.1.6 "扭曲和变换"效果

　　选择【效果】/【扭曲和变换】命令，在弹出的子菜单中有变换、扭拧、扭转、自由扭曲、收缩和膨胀、波纹效果、粗糙化等效果。选择任意一个变换命令，将打开对应的"变换效果"对话框，在其中可设置参数，单击 确定 按钮，得到变换效果。

● 变换：用于对所选对象进行缩放、移动、旋转或镜像操作。图9-31所示为弧线每旋转10°创建1份副本，重复36次操作前后的对比效果。

● 扭拧：用于将所选矢量对象随机向内或向外弯曲和扭曲。图9-32所示为扭拧前后的对比效果。

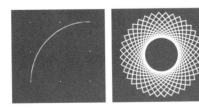

图9-31　变换前后的对比效果

图9-32　扭拧前后的对比效果

- 扭转：用于顺时针或逆时针扭转所选矢量对象。图9-33所示为将矢量对象扭转260°前后的对比效果。
- 自由扭曲：用于通过方框的四角控制点调整所选对象的外观形状。图9-34所示为自由扭曲蓝框右侧两个角点前后的对比效果。

图9-33 扭转前后的效果

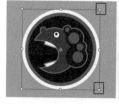 

图9-34 自由扭曲前后的对比效果

- 收缩和膨胀：用于对所选对象进行收缩或膨胀的变形。图9-35所示为原图、收缩原图效果和膨胀原图效果。
- 波纹效果：用于使所选路径产生规则整齐的波纹效果，如图9-36所示。
- 粗糙化：用于使所选路径产生不规则的锯齿效果，如图9-37所示。

 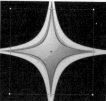 

图9-35 原图、收缩原图和膨胀原图效果

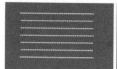 

图9-36 波纹效果

 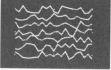

图9-37 锯齿效果

技能提升

图9-38所示为创意3D立体字插画，请结合本小节所讲知识，分析该作品并进行练习。

（1）该插画中的文字是如何制作不同角度立体效果的？

_____

（2）尝试利用"ABC"英文字母制作3D立体插画效果，从而举一反三，进行思维的拓展与能力的提升。

高清彩图

效果示例

图9-38 创意立体字插画

9.2
位图效果

Illustrator中的位图效果与Photoshop中的滤镜效果相似，可供用户制作出丰富的纹理和质感效果。

9.2.1 课堂案例——制作粒子消散特效

案例说明： "消散的D"书籍封面需要制作粒子消散特效，以烘托主题氛围。制作时可以先编辑字母"D"，为字母"D"制作粒子消散特效，然后添加封面背景，为背景应用径向模糊和玻璃扭曲效果，从而得到色彩鲜艳、艺术感强烈的封面，参考效果如图9-39所示。

知识要点： "像素化"效果、"模糊"效果、"扭曲"效果、使用效果画廊。

素材位置： 素材\第9章\粒子消散海报.ai

效果位置： 效果\第9章\粒子消散效果.ai

高清彩图

图9-39 粒子消散特效

设计素养

粒子消散特效是指先将物体制作成粒子效果，然后通过粒子消散制作物体消散的视觉特效。该效果是平面设计中比较常见的效果之一，常被用于电影海报、电商广告中。

其具体操作步骤如下。

STEP 01 打开"粒子消散海报.ai"文件，选择右上位置的"D"，单击鼠标右键，在弹出的快捷菜单中选择"创建轮廓"命令，然后选择"直接选择工具" ▷.，选中字母左侧的锚点往左侧拉长，如图9-40所示。

STEP 02 绘制与变形后的"D"相同大小的矩形，为其创建默认的黑白渐变，如图9-41所示。

视频教学：
制作粒子消散特效

图9-40 调整锚点　　　　图9-41 创建黑白渐变

STEP 03 选中矩形，选择【效果】/【像素化】/【铜版雕刻】命令，打开"铜版雕刻"对话框，在"类型"下拉列表中选择"粒状点"选项，单击 确定 按钮，如图9-42所示。

STEP 04 选中矩形，选择【对象】/【扩展外观】命令，在控制栏中单击 图像描摹 按钮，将其转换为矢量图，在控制栏中单击 扩展 按钮，选择扩展后的图形，按【Shift+Ctrl+G】组合键取消编组，用"魔棒工具" 在白色区域处单击鼠标左键，按【Delete】键删除选中区域，得到粒子消散效果，如图9-43所示。

图9-42　创建铜板雕刻粒状点效果　　　　　　　　　图9-43　粒子消散效果

STEP 05 选择变形后的"D"，按【Ctrl+Shift+]】组合键把该图层移动到顶层，同时选中"D"和粒子消散效果，按【Ctrl+7】组合键建立剪贴蒙版。删除左下角的"D"，然后复制制作好的右上角"D"字粒子消散效果剪切组，选择【对象】/【变换】/【镜像】命令，单击选中"垂直"单选按钮，单击 确定 按钮，调整大小，得到图9-44所示的"D"字粒子消散效果。

STEP 06 置入"背景.jpg"图像，然后选择该图像，接着选择【效果】/【模糊】/【径向模糊】命令，在打开的对话框中设置数量为"28"，单击 确定 按钮，效果如图9-45所示。

图9-44　为文字创建粒子消散效果　　　　　　　　　图9-45　添加径向模糊效果

STEP 07 框选除背景外的所有内容，选择【编辑】/【编辑颜色】/【反相颜色】命令，将内容颜色更改为"#FFFFFF"，如图9-46所示。

STEP 08 选择背景图像，然后选择【效果】/【扭曲】/【玻璃】命令，打开"玻璃"对话框，在"玻璃"栏中设置玻璃扭曲度为"5"、平滑度为"3"、纹理为"磨砂"，单击 确定 按钮，如图9-47所示。保存文件，完成本例的制作。

图9-46　反向颜色　　　　　　　　　　　　　　图9-47　添加玻璃扭曲效果

9.2.2 使用效果画廊

选择【效果】/【效果画廊】命令，弹出的对话框中集合了很多与Photoshop滤镜库效果一致的效果。用户通过该对话框可以为图像添加多种效果，从而制作多效果的混合效果。若选择任意一个效果组并将其展开，然后在该效果组中选择应用任意一种效果，在对话框左侧就可以预览对象应用后的效果。图9-48所示为展开"素描"效果组，应用"绘图笔"效果。在右侧面板中可以设置效果参数，设置完成后单击 确定 按钮。

图9-48　使用效果画廊

9.2.3 "像素化"效果

选择【效果】/【像素化】命令，在弹出的子菜单中有4种像素化风格的效果命令，包括彩色半调、晶格化、点状化、铜板雕刻。图9-49所示为对原图分别应用4种像素化效果命令的效果。

| 原图 | 彩色半调 | 晶格化 | 点状化 | 铜板雕刻 |

图9-49　"像素化"效果

9.2.4 "模糊"效果

选择【效果】/【模糊】命令，在弹出的子菜单中有3种形式的模糊效果命令，包括径向模糊、特殊模糊、高斯模糊。图9-50所示为对原图分别应用3种模糊效果命令的效果。

| 原图 | 径向模糊 | 特殊模糊 | 高斯模糊 |

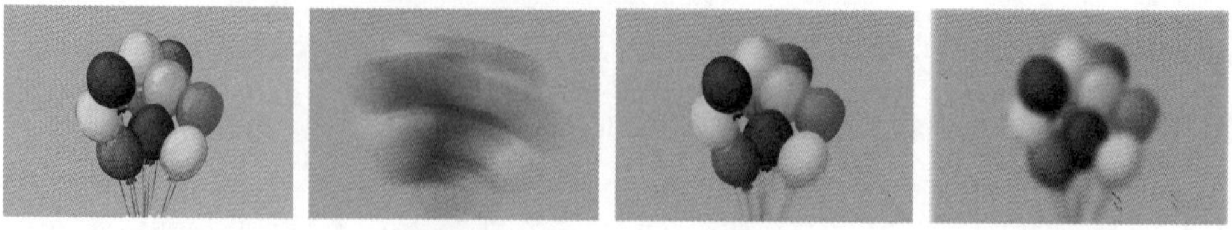

图9-50 "模糊"效果

🔔 提示

　　"径向模糊"效果使图像产生旋转或运动的效果；"特殊模糊"效果使图像背景产生模糊效果，可以用来制作柔化效果；"高斯模糊"效果使图像变得柔和，可以用来制作倒影或投影。

9.2.5 "扭曲"效果

　　选择【效果】/【扭曲】命令，在弹出的子菜单中有3种风格的扭曲效果命令，包括扩散亮光、海洋波纹、玻璃。图9-51所示为对原图分别应用3种扭曲效果命令的效果。选择一种命令，可以打开相应的对话框，在其中设置参数，单击 确定 按钮。在展开的"扭曲"效果组中可以预览或应用其他扭曲效果。

  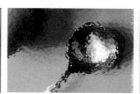 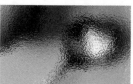

| 原图 | 扩散亮光 | 海洋波纹 | 玻璃 |

图9-51 "扭曲"效果

9.2.6 课堂案例——制作艺术绘画效果

　　案例说明： 某设计人员为满足客户要求，需要将提供的图像制作成艺术绘画效果，用于装饰墙面。制作时可以先将图像复制成两份（一份应用艺术效果中的海报边缘效果，另一份应用素描中的影印效果），然后将两份效果重叠在一起，设置叠加混合模式，最后添加边框与投影效果，得到类似水彩绘画的效果，参考效果如图9-52所示。

　　知识要点： 艺术效果、素描效果。

　　素材位置： 素材\第9章\艺术绘画效果\

　　效果位置： 效果\第9章\艺术绘画效果.ai

高清彩图

图9-52 艺术绘画效果

　　艺术绘画是指以纸张或布作为支撑面，在其表面运用画笔、刷子、海绵或布条添加颜色的创作手法，常被应用于商业插画、产品包装、商品广告、室内装修等众多领域。艺术绘画按工具材料、技法、文化背景的不同，可以划分为国画、油画、版画、水彩画、漆画、素描等众多类型。将照片处理成艺术绘画形式可以提高绘图效率，节约时间成本。

　　其具体操作步骤如下。

STEP 01 新建A4大小、名称为"艺术绘画效果"的文件，置入"小鸟.jpg"图像，选中并复制图像，选择【效果】/【艺术效果】/【海报边缘】命令，在打开的对话框中设置边缘厚度为"4"、边缘强度为"2"、海报化为"5"，单击 确定 按钮，得到海报边缘效果，如图9-53所示。

STEP 02 选择原图像，然后选择【效果】/【素描】/【影印】命令，在打开的对话框中设置细节为"7"、暗度为"8"，单击 确定 按钮，效果如图9-54所示。

视频教学：
制作艺术绘画
效果

图9-53　海报边缘效果

图9-54　影印素描效果

STEP 03 选择影印后的图像，按【Ctrl+]】组合键将其堆叠到海报边缘图像上层。选择【窗口】/【透明度】命令，在"透明度"面板中设置混合模式为"叠加"、不透明度为"100%"，绘制与小鸟图像相同大小的矩形，设置描边色为"#000000"、描边粗细为"8pt"，得到边框效果，如图9-55所示。

STEP 04 框选图像和边框，按【Ctrl+G】组合键组合，选择【效果】/【风格化】/【投影】命令，打开"投影"对话框，设置不透明度、X 位移、Y 位移、模糊值分别为"55%、4pt、4pt、5pt"，颜色默认为"#000000"，单击 确定 按钮，置入"绘画效果背景.tiff"图像，调整其大小，按【Ctrl+[】组合键将其置于底层，如图9-56所示。保存文件，完成本例的制作。

图9-55　边框效果

图9-56　添加投影效果

9.2.7 "素描"效果

选择【效果】/【素描】命令，在弹出的子菜单中包括多种素描风格的效果。图9-57所示为"素描"效果组；图9-58所示为对原图分别应用3种素描效果命令的效果。选择一种命令，可以打开相应的对话框，在其中设置参数，单击 确定 按钮。在展开的"素描"效果组中可以预览或应用其他素描效果。

原图　　　　　　粉笔和炭笔　　　　　　绘图笔　　　　　　图章

图9-57　"素描"效果组　　　　　　图9-58　对原图应用素描效果命令的效果

9.2.8 "画笔描边"效果

选择【效果】/【画笔描边】命令，在弹出的子菜单中有多种画笔描边效果命令。图9-59所示为"画笔描边"效果组；图9-60所示为对原图分别应用3种画笔描边效果命令的效果。选择一种命令，可以打开相应的对话框，在其中设置参数，单击 确定 按钮。在展开的"画笔描边"效果组中可以预览或应用其他画笔描边效果。

原图　　　　　　喷色描边　　　　　　喷溅　　　　　　强化的边缘

图9-59　"画笔描边"效果组　　　　　　图9-60　对原图应用画笔描边效果命令的效果

9.2.9 "纹理"效果

选择【效果】/【纹理】命令，在弹出的子菜单中有拼缀图、纹理化、染色玻璃、马赛克拼贴、龟裂纹等纹理效果，使用它们可以使图像产生各种纹理效果。图9-61所示为对原图分别应用部分纹理效果命令的效果。选择一种命令，可以打开相应的对话框，在其中设置参数，单击 确定 按钮。在展开的"纹理"效果组中可以预览或应用其他纹理效果。

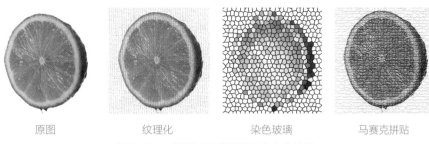

| 原图 | 纹理化 | 染色玻璃 | 马赛克拼贴 |

图9-61 对原图应用纹理效果命令的效果

9.2.10 "艺术效果"效果

选择【效果】/【艺术效果】命令，在弹出的子菜单中有多种艺术效果命令。图9-62所示为"艺术效果"效果组；图9-63所示为对原图分别应用3种艺术效果命令的效果。选择一种命令，可以打开相应的对话框，在其中设置参数，单击 确定 按钮。在展开的"艺术效果"效果组中可以预览或应用其他艺术效果。

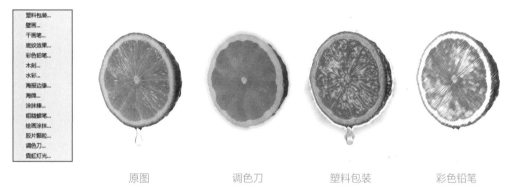

| 原图 | 调色刀 | 塑料包装 | 彩色铅笔 |

图9-62 "艺术效果"效果组　　图9-63 对原图应用艺术效果效果命令的效果

9.2.11 "风格化"效果

选择【效果】/【风格化】/【照亮边缘】命令，打开"照亮边缘"对话框，设置参数，单击 确定 按钮，如图9-64所示。该效果可以把图像中的低对比度区域变为黑色，高对比度区域变为白色，从而使图像中不同颜色的交界处呈现发光效果。

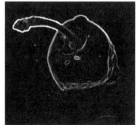

图9-64 "照亮边缘"效果

技能
提升

图9-65所示为艺术效果图片，请结合本小节所讲知识，分析该作品并进行练习。

（1）该艺术效果图片可以通过Illustrator中的哪些效果来实现？

_____

（2）新建A4大小的文件，置入素材（素材\第9章\小船.tiff），将小船素材图片复制两份，分别添加"铭黄"效果和"径向模糊"效果，再将两张图片的混合模式更改为"叠加"，将图片处理成具有艺术效果的图片，从而举一反三，进行思维的拓展与能力的提升。

效果示例

高清彩图

图9-65　艺术效果图片

9.3
应用与管理图形样式

图形样式是一组可反复使用的外观属性。用户通过图形样式可以为对象同时应用多种外观属性，如填充、描边、透明度、效果等，而通过"外观"面板可以快速编辑所应用的外观属性。

9.3.1　课堂案例——制作开机按钮

案例说明： 某电子产品需要为产品的开机按钮设计外观效果，以优化用户体验。本例考虑为圆应用凹凸质感的图形样式，添加内阴影和投影效果，增加按钮的立体质感，再绘制白色的开机图标，引导用户进行开机操作，参考效果如图9-66所示。

知识要点： 应用图形样式、应用"外观"面板。

效果位置： 效果\第9章\开机按钮.ai

高清彩图

图9-66　开机按钮

⚐ 设计素养

按钮是UI设计中的一个重要元素。设计按钮时，需要重视用户体验，使按钮具有较高的识别度和清晰度。另外，按钮大小应该反映该元素在屏幕上的优先级，越大的按钮意味着越重要，需要优先点击。

其具体操作步骤如下。

STEP 01 新建尺寸为"500pt×500pt"、名称为"开机按钮"的文件,用"椭圆工具" ◯ 绘制圆,选择【窗口】/【图形样式】命令,打开"图形样式"面板,单击"图形样式库菜单"按钮 ⓘ,在弹出的下拉列表中选择"图像效果"命令,如图9-67所示。此时将打开"图像效果"面板,选择"斜面硬化"样式,为圆应用图形样式,如图9-68所示。

视频教学:
制作开机按钮

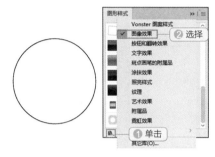

图9-67 打开图形样式库

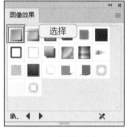

图9-68 应用图形样式

STEP 02 选择【窗口】/【外观】命令,打开"外观"面板,在"外观"面板底部单击"添加新效果"按钮 ⓕ,在弹出的下拉列表中选择"风格化/投影"命令,如图9-69所示。此时将打开"投影"对话框,设置不透明度、X位移、Y位移、模糊值分别为"75%、0pt、12pt、8pt",单击 确定 按钮,如图9-70所示。

图9-69 添加新效果

图9-70 设置投影

STEP 03 用"椭圆工具" ◯ 绘制较小的圆,放置到已有圆的中心位置,设置填充色为"#31A4DE",取消描边。选中该圆,选择【效果】/【风格化】/【内发光】命令,打开"内发光"对话框,设置模式、颜色、不透明度、模糊分别为"正片叠底、#000000、75%、30pt",单击 确定 按钮,如图9-71所示。

STEP 04 绘制开机图标,设置填充色为"#FFFFFF",如图9-72所示。保存文件,完成本例的制作。

图9-71 绘制较小的圆并添加内发光

图9-72 绘制图标

9.3.2 应用图形样式

选中对象，选择【窗口】/【图形样式】命令，打开"图形样式"面板，选择图形样式即可为对象应用图形样式，如图9-73所示。

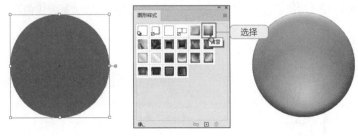

图9-73 应用图形样式

"图形样式"面板中的各按钮功能如下。

- "图形样式库菜单"按钮 ▥.：单击该按钮，在弹出的下拉列表中选中一种命令，可以打开对应的图形样式库面板。图9-74所示为打开"按钮和翻转效果"面板，应用第2排第2个图形样式的效果。

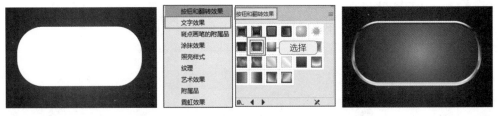

图9-74 应用图形样式库

- "断开图形样式链接"按钮 ❧：单击该按钮，可将应用的图形样式与"图形样式"面板中的图形样式断开链接。断开链接后，可修改应用的图形样式，而"图形样式"面板中的图形样式不受影响。
- "新建图形样式"按钮 ▣：单击该按钮，可将当前选择的图形样式添加到"图形样式"面板中。
- "删除图形样式"按钮 🗑：单击该按钮，可将当前选择的图形样式从"图形样式"面板中删除。

9.3.3 使用"外观"面板

选中对象，选择【窗口】/【外观】命令，打开"外观"面板，其中显示该对象的描边、填充、效果等属性。图9-75所示为图像添加"彩色半调"效果、"喷色"效果和当前打开的"外观"面板展示内容。在"外观"面板中可以直接编辑对象外观。

- 编辑描边：选择一个图形对象，"外观"面板中显示了该对象的描边属性，单击"添加新描边"按钮 ▫，可设置新的描边属性。
- 编辑填充：选择一个图形对象，"外观"面板中显示了填充属性，单击"添加新填色"按钮▣，可设置新的填充属性。
- 添加新效果：选择一个图形对象，在"外观"面板底部单击"添加新效果"按钮 ƒx.，在弹出的下拉列表中选择一种效果命令，在打开的对话框中设置参数，单击 确定 按钮即可。
- 编辑效果：选中带有效果的对象，单击效果名称或双击名称后的 ƒx 图标，将重新打开效果设置窗口，以便进行参数的更改；上下拖曳效果名称调整效果顺序也可更改对象的显示效果。

- 删除效果：选中带有效果的对象，单击需要删除的效果名称，在"外观"面板底部单击"删除"按钮 🗑 即可。若单击"外观"面板右上角的 ☰ 按钮，在弹出的菜单中选择"清除外观"命令，可以清除所有添加的效果。

- 清除外观：选择一个图形对象，在"外观"面板底部单击"清除外观"按钮 🚫，可以清除该对象的所有外观属性。

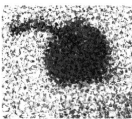

图9-75 为图像添加效果和当前 "外观" 面板展示内容

技能提升

图9-76所示为使用按钮元素组合制作的海报，请结合本小节所讲知识，分析该作品并进行练习。

（1）对于该按钮元素海报，各按钮样式有何区别？如何进行高效制作？如何使用图形样式并结合"外观"面板来制作类似的效果？

（2）尝试绘制爱心图标，制作具有凹凸质感的爱心按钮，从而举一反三，进行思维的拓展与能力的提升。

高清彩图

效果示例

图9-76 使用按钮元素组合制作的海报

9.4 课堂实训

9.4.1 制作"欢乐旅途"立体字海报

1. 实训背景

"欢乐旅途"旅游App需要制作立体字海报，用于宣传品牌。现要求海报色彩艳丽，具有立体的视觉感，能够快速吸引人们的眼球，尺寸为1242px×2208px。

2．实训思路

（1）海报排版设计。海报有很多种排版方式，除了搜集各种优秀的海报作品，分析其排版方式，还需要在实际设计中结合具体情况进行调整，从而碰撞出更为别致的设计构图。本例将立体效果的文本放大置于海报中心位置，然后在海报顶端和底端分别放置一些文本，以起到说明和装饰的作用。为了保证文本的美观度，我们需要设置文字属性、大小组合方式，然后绘制矩形、圆角矩形和线条来分割或美化文本，效果如图9-77所示。

（2）立体效果添加。立体或者带有空间感的文字能打破二维的单调感，给人们带来新鲜的视觉感受，因此在海报设计中被广泛应用。本例将通过3D功能为主体文字添加立体效果，设置3D视觉的角度为"前方"，并设置较大的3D突出厚度，效果如图9-78所示。

（3）细节设计与小元素添加。进行细节设计可以优化画面效果，本例将提高颜色的饱和度，使画面效果更加鲜艳明快。添加小元素可起到点缀作用，为了营造气氛，本例考虑使用飞机、旅行者、旅行箱等旅途小元素烘托"欢乐旅途"主题，最后添加斜线增强立体效果。

本实训完成后的参考效果如图9-79所示。

高清彩图

图9-77　设计海报排版　　　图9-78　设置3D的突出效果　　　图9-79　参考效果

素材位置： 素材\第9章\立体字小元素.ai

效果位置： 效果\第9章\"欢乐旅途"立体字海报.ai

3．步骤提示

STEP 01 新建尺寸为"1242px×2208px"、名称为"'欢乐旅途'立体字海报"的文件，绘制并填充"#F4C900"颜色的背景，输入文本，设置文字属性，绘制矩形、线条、圆角矩形、圆进行海报的版式设计。

STEP 02 选择"欢乐旅途"文本，设置描边为青色，选择【效果】/【3D和材质】/【旋转】命令，打开"3D和材质"面板，选择"对象"选项卡，单击"凸出"按钮 ，设置旋转为"离轴-前方"、深度为"500"，得到3D效果。

视频教学：
制作"欢乐旅途"
立体字海报

STEP 03 选择3D文本，然后选择【对象】/【扩展外观】命令，并选择【对象】/【栅格化】命令，将3D文本转换为位图。

STEP 04 选择3D文本位图，通过图像照片描摹得到矢量图效果，取消组合，删除多余的部分。

STEP 05 对3D文本进行重新着色，提高饱和度，并将文字颜色修改为白色。

STEP 06 组合3D文本，以便移动。在文字下方绘制线条渲染立体效果，打开"立体字小元素.ai"文件，复制其中的小元素到海报中，调整位置和大小。保存文件，完成本例的制作。

9.4.2 制作全民健身海报

1. 实训背景

从2009年起，每年的8月8日为"全民健身日"。为激励全民健身，增强全民体质，我们需要以"全民健身日"为主题，设计一幅简洁、美观的大字海报。要求设计的海报能够快速传递主题，整个画面具有魄力感与均衡感，尺寸为1242px×2208px。

2. 实训思路

（1）海报排版设计。本例采用蓝色为背景色，文字和图形使用白色，并且采用上字下图的排版方式，先对文本进行排版，并留足空间，以便后面进行图形绘制。利用斜线装饰海报，使海报呈现的视觉效果平衡而稳定，如图9-80所示。

（2）文本效果设计。本例将通过为文本设置波形变形，使原本静止的文本有运动的视觉效果，更容易表达主题，如图9-81所示。

（3）图形与效果设计。本例将通过夸张、激情的人物奔跑姿势来激起广大用户的运动欲。通过为人物制作粒子分散效果，提高海报的艺术性和可欣赏性。

本实训完成后的参考效果如图9-82所示。

图9-80　设计文字排版

图9-81　设置变形效果

图9-82　参考效果

高清彩图

效果位置：效果\第9章\全民健身海报.ai

3. 步骤提示

STEP 01 新建尺寸为"1242px×2208px"、名称为"全民健身海报"的文件，绘制填充色为"#00A0E9"的背景，输入文本，设置文字属性，绘制线条进行海报的排版设计。

STEP 02 选择"全民健身日"文本，然后选择【效果】/【变形】/【波形】命令，在打开的对话框中设置波形变形效果。

STEP 03 绘制大步奔跑的人物图形，设置填充色为"#FFFFFF"，对人物图形左

视频教学：
制作全民健身海报

侧进行编辑，以便后面为人物制作粒子消散效果。

STEP 04 绘制矩形，填充渐变为黑到白。选择【效果】/【像素化】/【铜版雕刻】命令，打开"铜版雕刻"对话框，选择"粒状点"类型，单击 确定 按钮。

STEP 05 扩展效果外观，进行图像临摹，然后扩展临摹效果，取消组合并删除黑色区域，将粒子消散效果裁剪到人物图形中，调整位置和大小。保存文件，完成本例的制作。

9.5 课后练习

练习 1 制作炫酷立体魔方海报

某店铺的"魔方"详情页中需要添加首图海报，要求制作的海报立体感十足，魔方效果逼真。制作时可以先绘制圆角矩形，将其均匀分割成4部分，填充为不同的颜色，然后为每部分添加凸出效果，接着复制一层，添加圆角效果，最后组合所有魔方图形，通过"外观"面板添加投影效果，进而添加文本进行排版设计。本练习完成后的参考效果如图9-83所示。

效果位置：效果\第9章\炫酷立体魔方海报.ai

练习 2 制作漫画风放射线海报

某网页需要制作漫画风放射字母海报。制作时可先绘制径向渐变背景，然后在中间绘制圆，为圆添加粗糙化效果，在粗糙化效果下方绘制正方形，接着选择正方形和粗糙化效果，利用"减去上方对象"功能得到漫画放射线条效果，再添加文本，为文本创建描边、填充渐变、偏移路径，继续添加波形变形效果，最后绘制云朵、星形以装饰画面。本练习完成后的参考效果如图9-84所示。

效果位置：效果\第9章\漫画风放射线海报.ai

高清彩图

图9-83　炫酷立体魔方海报

高清彩图

图9-84　漫画风放射线海报

第 **10** 章

综合案例

本章运用前文所学知识进行多个应用领域的商业案例制作，包括DM单设计、海报设计、包装设计、UI设计等。每个案例都通过案例背景、案例要求提出设计需求，再通过制作思路对Illustrator进行综合应用，从而帮助用户快速掌握使用Illustrator 设计与制作商业案例的方法。

📖 学习目标

◎ 掌握DM单、海报、包装、UI设计的制作方法
◎ 掌握Illustrator 的综合运用

◇ 素养目标

◎ 培养对完整商业案例的分析与制作能力
◎ 提升DM单、海报、包装、UI等领域的作品设计能力

◈ 案例展示

制作 "美术培训班"　　　制作 "谷香米饼"　　　　制作 "生鲜配送" App 界面
招生 DM 单　　　　　　食品包装

10.1
DM单设计——"美术培训班"招生DM单

10.1.1 案例背景

"涂涂美术教育"机构需要重新设计其标志，并且计划在7月20号到8月31号期间进行招生。为扩大招生名额，机构准备为预定的名额提供8折优惠活动，以及提供美术课程的免费试听服务。现在需要将这些信息制作成"美术培训班"招生DM单，派出专员在"涂涂美术教育"机构附近进行发放，以达到宣传推广的目的。

> **设计素养**
>
> DM 单是英文 Direct Mail 的缩写，其大致含义是商品广告快讯。DM 单属于按照客户要求设计，将资料经过梳理、编辑、设计、制作、印刷后直接投递给用户的一种纸质媒介。与其他媒介相比，DM 单直接将广告信息传递给有相关需求的用户，针对性强，效果显著，反响回馈率高。在设计 DM 单时，不仅要主题明确，抓住用户的眼球，而且设计和创意要别致新颖、制作精美，设计的内容要具有吸引力和保存的价值，让用户不舍丢弃。

10.1.2 案例要求

为更好地完成本例"美术培训班"招生DM单，制作时需要遵循以下要求。

（1）标志设计。本例提供了机构名称"涂涂美术教育"，需要将该名称与行业特征相结合，对机构标志进行设计。本例考虑加入调色盘和画笔元素，完成机构标志的设计。

（2）色彩搭配合理。在设计DM单时要考虑色彩与时俱进，如DM单可以根据不同季节进行针对性调整，或者根据色彩的感情选择符合行业特征的主色调，与用户进行视觉上的互动，使用户产生亲近感。本例考虑采用黄色为主色调，点缀红色、绿色、蓝色，配合集中放射线背景，给用户以色彩绚丽、活力四射的感觉，从而表达美术培训的主题。

（3）元素设计合理。添加与美术相关的元素来烘托主题。本例考虑将宣传内容的背景设计成涂抹绘画的效果，并添加沾满颜料的画笔来点缀画面。

（4）数据支撑。DM单在宣传内容上要有数据支撑才有意义。本例的DM单不仅考虑添加机构名称、电话、地址等基础信息，还考虑添加"预定名额提供8折优惠活动、免费试听服务、美术培训对于学生而言的4大优势"等重要信息。为了DM单的美观度，以及信息的有效传达，宣传内容需要进行排版处理，做到主次分明，重要信息需要用大号的字体进行展示，以便用户第一时间判断DM单要宣传的重要内容。

（5）尺寸要求。DM单的尺寸大小要符合用户习惯，不能随心所欲地制定尺寸，避免设计出的DM单在印刷时出现问题。本例版面尺寸要求为A4大小。

本例完成后的参考效果如图10-1所示。

素材位置： 素材\第10章\画笔.png、"美术培训班"招生DM单内容.txt

效果位置： 效果\第10章\"涂涂美术教育"Logo.ai、"美术培训班"招生DM单.ai

高清彩图

图10-1　参考效果

10.1.3　制作思路

本案例的制作主要分为4个部分，其具体制作思路如下。

1. 制作标志

STEP 01 新建尺寸为"80mm×80mm"、名称为"'涂涂美术教育'Logo"的文件，绘制大小为"33mm×33mm"的圆，设置填充色为"#F3C74C"。

视频教学："美术培训班"招生DM单

STEP 02 在圆下方输入2行文本，设置第1行文字属性为"方正经黑简体、19pt、#000000"，设置第2行文字属性为"方正经黑简体、6.5pt、#000000"，在"字符"面板中设置字符间距为"650pt"，使其与第1行文本长度大致相同，如图10-2所示。

STEP 03 使用"钢笔工具" ✐，绘制调色盘和钢笔相结合的剪影图标，设置填充色为"#000000"。选择图标，按【Ctrl+C】组合键复制，按【Ctrl+V】组合键粘贴，设置填充色为"#FFFFFF"，向左上调整位置，得到立体图标的效果，完成Logo的制作，如图10-3所示。

图10-2　在圆下方输入文本　　　　　　　图10-3　完成Logo的制作

2. 制作放射线集中背景

STEP 01 新建尺寸为A4大小、名称为"'美术培训班'招生DM单"的文件，绘制填充色为"#000000"的圆，选择【效果】/【扭曲和变换】/【粗糙化】命令，打开"粗糙化"对话框，设置粗糙化大小为"26%"、细节为"30"，单击 确定 按钮，如图10-4所示。

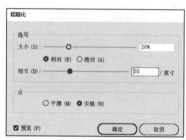

图 10-4 制作粗糙化效果

STEP 02 选择【对象】/【扩展外观】命令，扩展粗糙化效果，绘制与画板尺寸相同大小的矩形，填充为黑色，按【Ctrl+[】组合键将矩形置于粗糙化效果下层，调整粗糙化效果图像的大小。

STEP 03 同时选中矩形和粗糙化效果图形，在"路径查找器"面板中单击"减去顶层"按钮 ，将粗糙化效果制作成矩形，如图10-5所示。

STEP 04 绘制与画板尺寸大小相同的矩形，设置填充色为"#F3C74C"，按【Ctrl+[】组合键将矩形置于粗糙化效果下层，将放射线颜色更改为"#FFFFFF"，完成放射线集中背景的制作，效果如图10-6所示。

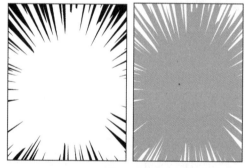

图10-5 减去顶层　　　　　　　　　　　图10-6 更改放射线颜色

3. 制作大字标题

STEP 01 新建同样大小的文件，使用"文字工具" T 输入"美术培训班"标题文字，设置字体为"方正琥珀简体"，调整字体大小、角度和文本颜色。此处应用了3种颜色，分别为"#F3C74C、#23B294、#E24D4E"，组合成图10-7所示的排版布局。

STEP 02 选择文本，在其上单击鼠标右键，在弹出的快捷菜单中选择"创建轮廓"命令，将文本转换为图形。

STEP 03 选择转换为图形的文本，然后选择【对象】/【路径】/【偏移路径】命令，打开"偏移路径"对话框，设置位移为"10pt"，单击 确定 按钮。

STEP 04 选择转换为图形的文本，单击鼠标右键，在弹出的快捷菜单中选择"取消编组"命令，然后选择偏移后的路径，设置填充色为"#000000"，得到类似于黑色的描边效果，如图10-8所示。

图 10-7　输入并调整文字　　　　　　　　　　　图 10-8　偏移路径

STEP 05 向下调整黑色描边位置，使用"变形工具" ◼ 涂抹描边，将文本间的空隙区域填满，为文本创建黑色投影的立体效果。

STEP 06 选择"画笔工具" ✐，将当前填充色设置为"#FFFFFF"。选择圆形画笔样式，设置描边粗细，在文本上绘制白色高光区域以装饰文本，注意描边粗细直接影响画笔绘制图形的宽度，框选并按【Ctrl+G】组合键组合文本相关图形，效果如图10-9所示。

STEP 07 绘制多个填充色为"#FFFFFF"、描边为"#000000"的圆，通过"路径查找器"面板的"联集"按钮 ◼ 将其合并为一个云朵图形，再绘制两个重叠的圆，通过该面板中的"减去顶层"按钮 ◼ 裁剪得到月牙图形，设置填充色为"#000000"，框选并按【Ctrl+G】组合键组合云朵相关图形。

STEP 08 按【Ctrl+[】组合键将云朵相关图形置于文本底层，调整位置和大小，如图10-10所示。

图 10-9　画笔修饰　　　　　　　　　　　　图 10-10　调整图层的堆叠顺序

STEP 09 绘制标题形状的图形，设置填充色为"#F3C74C"、描边色为"#000000"，输入"火热招生中！"，设置字体为"方正兰亭特黑_GBK"、文本颜色为"#000000"，调整字体大小和角度，使其适应形状，如图10-11所示。

STEP 10 选择文字，然后选择【效果】/【变形】/【拱形】命令，打开"变形选项"对话框，设置弯曲为"16%"，单击 确定 按钮。框选并按【Ctrl+G】组合键组合大字标题相关内容，完成大字标题的制作，如图10-12所示。

图 10-11　绘制标题　　　　　　　　　　　图 10-12　完成大字标题的制作

4. 制作宣传内容部分

STEP 01 将制作好的"美术培训班"标题文字移动到"'美术培训班'招生DM单"文件中的合适位置，关闭移动前的文件，在"'美术培训班'招生DM单"文件的标题下方绘制填充色为"#FFFFFF"的矩形，按【Ctrl+[】组合键将其置于标题下层，作为主要信息宣传区域，划分版面效果如图10-13所示。

STEP 02 选择绘制的矩形，然后选择【效果】/【风格化】/【涂抹】命令，打开"涂抹选项"对话框，设置角度为"30°"、第1个变化为"7mm"、描边宽度为"5.64mm"，第2个变化为"2%"，第3个变化为"7.41mm"，其他保持默认参数，单击 确定 按钮，调整高度，涂抹效果如图10-14所示。

图 10-13　划分版面　　　　　　　　　　　图 10-14　涂抹效果

STEP 03 置入"画笔.png"素材，调整大小放置到DM单左下角，在其上绘制与画板相同大小的矩形，同时选择画笔和矩形，单击鼠标右键，在弹出的快捷菜单中选择"建立剪切蒙版"命令，将画笔放置到画板中。

STEP 04 在矩形的底部继续绘制矩形，更改颜色为与左侧画笔相似的颜色，可以直接在画笔颜色上进行吸取，此处颜色为"#57B9E3"，设置涂抹效果，得到笔刷涂抹的效果，如图10-15所示。

STEP 05 打开"美术培训班"招生DM单内容.txt"文档，复制文本到DM单中，进行文本的排版设计。此处采用的字体有"方正粗圆_GBK、方正兰亭特黑_GBK、方正兰亭黑简体"，设置合适的字符间距、字体大小和文本颜色。

STEP 06 在兴趣点周围绘制彩色圆和黑色加号进行装饰，圆应用的颜色有"#69A134、#2B79A6、#23B294、#E24D4E"。复制圆并置于原图层的下层，制作黑色阴影。在"报名电话"文本图层下方绘制黑色矩形进行装饰，排版文本如图10-16所示。

STEP 07 复制"'涂涂美术教育'Logo"图形到"'美术培训班'招生DM单"文件的左上角，在Logo图形下层绘制白色矩形进行装饰，如图10-17所示。保存文件，完成本例的制作。

图 10-15　笔刷涂抹效果　　　　图 10-16　排版文本　　　　图 10-17　添加Logo

海报设计——预售倒计时海报

10.2.1 案例背景

"淘淘"品牌计划通过"产品预售"主题倒计时海报对新产品的上市进行前期预热造势，扩大品牌传播。现要求对"仅剩1天"倒计时海报进行设计，做到海报排版美观、视觉冲击力强。

设计素养

倒计时海报在产品前期预热阶段具有重要意义，它不仅有着传播活动的作用，而且若将企业公众号二维码、活动报名、发布会直播观看入口等信息布局在海报上，还能为活动提供引流入口。常见的倒计时海报设计手法有数字谐音、直击痛点、产品亮点展示、制作悬念等，如数字谐音手法是将与活动主题相关的亮点文字进行精练，再通过巧妙的设计手法替换成倒计时数字，比如开门见"3"、"1"网打尽、不"2"之选等；产品亮点展示手法是将新产品最核心、最吸引人的功能亮点，通过倒计时海报的形式展现出来，从而使传播效果聚焦在重点内容上，是倒计时海报中较直接、常见的一种手法。

10.2.2 案例要求

为更好地完成本例预售倒计时海报，制作时需要遵循以下要求。

（1）素材添加。本例提供了预售倒计时海报的内容，以及"淘淘"品牌Logo。在制作海报时，需要将其添加到海报中，进行适当的排版设计。

（2）文本排版美观。本例的倒计时海报主要由文本组成，属于大字海报类型，其特点是通过搭配大号的字体快速展示主题信息，一目了然。在大字海报中，文本的排版尤为重要，包括字体的搭配、字体的倾斜、字体大小的搭配、字体粗细的对比、文本颜色的搭配。本例考虑采用"汉仪菱心体简""方正汉真广标简体""方正兰亭黑_GBK"等字体进行设计，文本采用红、白、黑3种颜色，然后为部分文本添加倾斜效果，使版式更加美观。

（3）充分利用图形的作用。优秀的海报设计作品无须运用过多文字的描述，通过图形就能快速了解设计者的意图。图形设计追求的是以最简洁、有效的元素来表现富有深刻内涵的主题。本例考虑添加喇叭图形来表达宣传的意图，注意喇叭的配色与背景的配色需要统一、协调，不能产生突兀感。背景采用了粉色、紫色、蓝色等颜色，喇叭也采用了相近的颜色。

（4）设计规格。"小报"尺寸，具体为279.4mm×431.8mm。

本例完成后的参考效果如图10-18所示。

素材位置： 素材\第10章\预售倒计时海报Logo.ai、预售倒计时海报文案.txt

效果位置： 效果\第10章\预售倒计时海报.ai

高清彩图

图 10-18　预售倒计时海报

10.2.3　制作思路

本案例的制作主要分为3个部分，其具体制作思路如下。

1. 制作混合渐变背景

STEP 01 新建尺寸为"279.4mm×431.8mm"、名称为"预售倒计时海报"的文件，绘制与画板大小相同的矩形，设置填充色为"#13318F"。

STEP 02 绘制较小的矩形，选择"渐变工具" ，在控制栏中单击"任意形状渐变"按钮 ，然后在矩形中单击鼠标左键添加6个色标。

STEP 03 依次在色标上双击鼠标左键，在弹出的面板中设置色标颜色，从左到右、从上到下的色标颜色依次为"#FCF6F4、#CCCEE6、#64BCCF、#F0B596、#C8D6EB、#FBF6F4"，完成混合渐变背景的制作，效果如图10-19所示。

视频教学：
制作预售倒计时
海报

图 10-19　混合渐变背景效果

2. 文案设计

STEP 01 打开"预售倒计时海报文案.txt"文档，依次复制所需文本到"预售倒计时海报"文件中。打开"字符"面板，调整字体大小和文本颜色，进行排版设计。打开"预售倒计时海报Logo.ai"文件，复制其中的Logo到"预售倒计时海报"文件中，将其放置到左下角并调整大小，如图10-20所示。

STEP 02 选择文本，在控制栏中设置合适的字体，此处"1"文本字体为"Facon"、"触即发"文本字体为"汉仪菱心体简"、"2022 NEW PRODUCTS"文本字体为"方正汉真广标简体"、"新品来袭倒计时"文本字体为"方正兰亭黑_GBK"、"仅剩1天"字体为"方正汉真广标简体"，进行字体搭配后的效果如图10-21所示。

STEP 03 选中部分文本，更改文本颜色，此处将"1"文本颜色更改为"#EA5514"，将"2022 NEW PRODUCTS"文本颜色更改为"#FFFFFF"，如图10-22所示。

图 10-20 文本排版　　　　图 10-21 字体搭配　　　　图 10-22 更改文本颜色

STEP 04 选择"2022"文本，在其上单击鼠标右键，在弹出的快捷菜单中选择【变换】/【倾斜】命令，打开"倾斜"对话框，设置倾斜角度为"20°"，单击 确定 按钮，倾斜效果如图10-23所示。

STEP 05 在海报两侧的空隙处绘制白色线条和图形，输入填空文本，在"字符"面板中增大填空文本的字符间距，然后将其旋转270°，以起到修饰海报版面的作用，如图10-24所示。

图 10-23 设置文本倾斜　　　　　　　图 10-24 添加填空文本并进行修饰

STEP 06 使用与步骤04相同的方法继续为"触即发"文本创建倾斜角度为"10°"的倾斜效果。

3. 图形绘制

STEP 01 绘制椭圆，将其旋转一定角度，选择渐变工具，在控制栏中单击"线性渐变"按钮，拖

曳鼠标指针为椭圆创建渐变填充，设置色标颜色为"#ECDBDA""#BBC2BE"。在控制栏中设置描边粗细为"7.5px"，设置宽度变量配置文件为"宽度配置文件2"，得到轮廓粗细变化的外观。

STEP 02 复制并从中心缩小椭圆，选中复制后的椭圆，在控制栏中单击"径向渐变"按钮■，拖曳鼠标指针创建径向渐变，设置色标颜色为"#EBC8C0""#E3A497"，拖曳色标位置，调整渐变效果。

STEP 03 使用"钢笔工具"✒和"椭圆工具"⬭绘制喇叭口里面的结构，为绘制的形状创建线性渐变填充，设置色标颜色为"#ECDBDA""#FFFFFF"。使用"钢笔工具"✒绘制高光区域，设置填充色为"#FFFFFF"，取消描边，将较暗区域的高光填充为"#EBDAD9"，如图10-25所示。

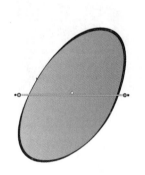

图10-25 绘制喇叭口

STEP 04 绘制喇叭中间部分，创建线性渐变填充，设置色标颜色为"#DDA495""#ECDBDA"，绘制条形高光，创建线性渐变填充，设置色标颜色为"#FFFFFF""#ECDBDA"。

STEP 05 绘制喇叭底部和手柄，设置填充色为"#13318F"，在中间部分与底部连接的区域绘制黑色缝隙。使用"选择工具"▶选择手柄，选择【效果】/【风格化】/【投影】命令，设置投影参数，单击 确定 按钮，增加手柄的立体质感，如图10-26所示。

STEP 06 框选喇叭图形，按【Ctrl+G】组合键组合，在喇叭上绘制白色矩形，同时选择该矩形和喇叭图形，单击鼠标右键，在弹出的快捷菜单中选择"建立剪切蒙版"命令，将喇叭图形放置到该矩形中，完成喇叭的绘制，如图10-27所示。移动喇叭剪切组到海报的合适位置。保存文件，完成本例的制作。

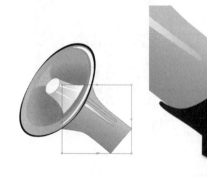

图10-26 绘制喇叭的其他部分　　　　　　图10-27 完成喇叭的绘制

包装设计——"谷香米饼"食品包装

10.3.1 案例背景

"谷香米饼"食品企业需要设计品牌图标，以及米饼包装盒。米饼包装盒用于存储和收纳散装米饼，保护米饼不会受到损害等。要求设计的米饼包装盒不仅能够展示米饼的相关信息，并且外形精美，能够吸引消费者关注，从而刺激消费者进行消费，提高米饼销量。

设计素养

产品包装设计除了需要具备保护功能和方便运输的基本功能外，还需要注意多方面的要求，如一款优秀的包装设计必须足够精美，才能讨消费者喜欢，然后必须具有独特的品牌风格，识别性强，才能使消费者一眼区别于其他品牌的包装。此外，产品包装设计还要符合产品属性，例如食品包装要符合食品包装的属性，不符合产品属性的包装设计容易误导消费者，不利于产品销售。好的包装设计还应该具有延展性，将一款包装设计延展成多个产品的包装设计，使风格统一，品牌特征更加明显。

10.3.2 案例要求

为更好地完成本例"谷香米饼"食品包装，制作时需要遵循以下要求。

（1）品牌图标设计。根据提供的品牌名称"谷香米饼"，设计符合名称内涵的品牌图标。本例将利用"米""饼"两字进行设计，"米"字通过米粒图形展示、"饼"字通过传统糕点外观中的花朵形状展示，同时考虑添加圆点元素以装饰品牌图标。

（2）布局和谐。设计包装品牌图标时，包含了米粒、花朵、勺子、圆、文字等多个元素，将这些元素合理地构图，才能够给消费者以美感，否则会显得杂乱不堪。本例考虑采用上文下图的布局方式，在中间放置花朵图案，在花朵图案中放置米粒、勺子，在花朵四角放置圆，在花朵下方放置加大字体大小的品牌名称，并为其选择合适的字体"汉仪长艺体简"，在花朵图形上方放置弧度变形文本，修饰包装品牌图标，得到具有传统古典特征的"谷香米饼"品牌图标。

（3）色彩合理。色彩选择上需要突出产品的相关特征。本例包装采用与米饼接近的淡黄色作为包装主题色，给人以温暖、舒适的视觉感受，并使消费者联想到米饼，从而吸引消费者的注意力。再通过较深黄色的米饼拼贴图形，装饰包装正面，对包装进行美化，给消费者以垂涎欲滴的感觉，刺激消费者进行消费。

（4）包装规格。包装的设计规格为：折叠后成品尺寸为140mm×68mm×215mm，展开尺寸为436mm×358mm。需同时制作包装的平面图与立体效果图，平面图要求标注出血线、折叠线、裁剪线。其中，出血线是指用于界定印刷品需要被裁剪掉部分的线，出血宽度一般为3~5mm。本例要求为3.5mm。

本例完成后的参考效果如图10-28所示。

素材位置： 素材\第10章\"谷香米饼"产品信息.txt

效果位置： 效果\第10章\"谷香米饼"包装盒平面图.ai、"谷香米饼"包装盒立体效果.ai、"谷香米饼"品牌图案.ai、"谷香米饼"产品信息.ai

高清彩图

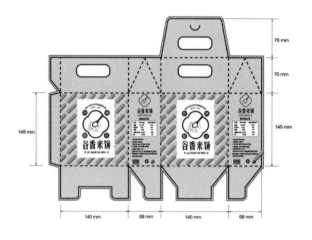

图 10-28　参考效果

10.3.3　制作思路

本案例的制作主要分为5个部分，其具体制作思路如下。

1. 制作包装盒模型

STEP 01　新建尺寸为"650mm×650mm"、名称为"'谷香米饼'包装盒平面图"的文件，根据折叠后成品尺寸为140mm×68mm×215mm、展开尺寸为436mm×358mm的数据，计算包装盒各个面的宽度和高度，利用矩形工具绘制固定宽度和高度的矩形，取消填充，设置描边色为"#000000"、描边粗细为"6px"，组合包装盒的大致模型，效果如图10-29所示。

视频教学：
制作"谷香米饼"
食品包装盒平面图

STEP 02　框选所有矩形，选择【视图】/【参考线】/【建立参考线】命令，将绘制的包装盒的大致模型创建为参考线。使用"钢笔工具" ，根据参考线绘制包装盒外轮廓，如图10-30所示。

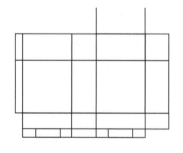

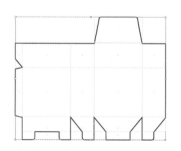

图 10-29　包装盒的大致模型　　　　图 10-30　绘制包装盒外轮廓

STEP 03 选择"钢笔工具" ，根据参考线绘制包装盒模型的折叠线，完成一条线条的绘制后可按【Enter】键结束绘制。此处将折叠线定义为虚线，需要选择线条，然后选择【窗口】/【描边】命令，打开"描边"面板，勾选"虚线"复选框，设置虚线为"16px"、间距为"14px"。

STEP 04 选择"圆角矩形工具" 和"椭圆工具" ，绘制包装盒开孔等细节，注意将线条设置为实线。

STEP 05 选择包装盒模型的外轮廓，然后选择【对象】/【路径】/【偏移路径】命令，打开"偏移路径"对话框，设置偏移为"3.5mm"，单击 确定 按钮，再将最外层的描边色设置为"#00A0E9"，使其成为出血线，如图10-31所示。

STEP 06 绘制线条并输入文本，在控制栏中设置文字属性为"方正兰亭黑_GBK、24pt、#000000"，标注重要尺寸信息，在"描边"面板中为表示尺寸长短的线条两端添加箭头形状，设置线条粗细为"1px"，如图10-32所示。保存文件，完成本例的制作。

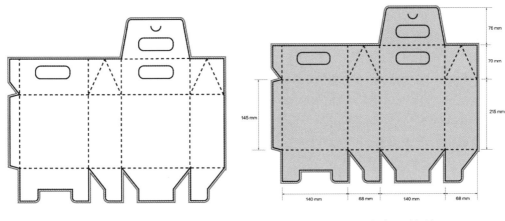

图10-31　设置折叠线和出血线　　　　图10-32　添加尺寸标注

2. 制作盒形立体效果

STEP 01 新建尺寸为"210mm×297mm"、名称为"'谷香米饼'包装盒立体效果"的文件，绘制与画板相同大小的矩形，设置填充色为"#CFDEDB"，取消描边，作为背景。

STEP 02 使用"钢笔工具" 绘制盒形立体效果的轮廓，在包装盒盒盖上绘制圆角矩形，同时选择盒盖图形和圆角矩形，在"路径查找器"面板中单击"减去顶层"按钮 ，制作镂空效果，如图10-33所示。

STEP 03 选择各个面，然后选择"渐变工具"，根据光影关系创建不同深浅的灰色线性渐变效果，增加各个面的立体质感，在提手内部区域绘制黑色阴影，如图10-34所示。

STEP 04 选择盒盖，然后选择【效果】/【风格化】/【投影】命令，设置X位移为"-0.5mm"、Y位移为"2mm"、对象模糊为"2mm"、不透明度为"45%"，单击 确定 按钮，为盒盖添加投影效果。

STEP 05 绘制底部的投影图形，设置填充色为"#000000"，添加模糊度为"3mm"的投影效果。选择【对象】/【扩展外观】命令，将投影效果和图形分离开来。

STEP 06 在投影效果上单击鼠标右键，在弹出的快捷菜单中选择"取消编组"命令，选择绘制的图形，按【Delete】键删除，留下投影效果图形，按【Ctrl+[】组合键将其调整到盒形下层，完成盒形立体效果的制作，如图10-35所示。

图10-33　绘制立体效果轮廓　　　图10-34　添加渐变填充　　图10-35　完成盒形立体效果的制作

3. 设计包装品牌图标

STEP 01 新建尺寸为"200mm×300mm"、名称为"'谷香米饼'品牌图标"的文件，绘制与画板相同大小、填充色为"#FFFFFF"的矩形，取消描边作为背景。绘制圆角矩形，在控制栏中设置填充色为"#FFFFFF"、描边色为"#000000"、描边粗细为"16px"。复制一个圆角矩形，将其旋转270°，调整位置得到交叉的矩形，通过"路径查找器"面板中的"联集"按钮 将两个圆角矩形合并成花朵形状。

STEP 02 在一角绘制黑色圆，将圆复制到其他三角，使用"钢笔工具" 在花朵形状中间绘制饭勺、米粒图形，设置饭勺填充色为"#000000"、饭勺中的米粒填充为"#FFFFFF"、其他米粒填充色为"#000000"，如图10-36所示。

STEP 03 输入品牌文案，设置文字属性，其中"谷香米饼"文本字体为"汉仪长艺体简"，其他文本字体为"方正中雅宋简体"。选中顶部的"GUXIANGMIBING"文本，选择【效果】/【变形】/【弧形】命令，打开"变形选项"对话框，设置弯曲为"50%"，单击 确定 按钮。重复前述操作为"SINCE·1957"文本创建弯曲为"30%"的弧形效果。

STEP 04 更改"SINCE·1957"文本颜色为"#EA5514"，在"GU XIANG MI BING"文本两侧绘制圆点，设置填充色为"#EA5514"，效果如图10-37所示。框选品牌图标，按【Ctrl+G】组合键组合。保存文件，完成包装品牌图标的设计。

STEP 05 复制品牌图标相关内容，粘贴到"'谷香米饼'包装盒立体效果"文件中，在包装盒需要放置品牌图标区域绘制矩形，然后同时选择图形和品牌图标，并选择【对象】/【封套扭曲】/【用顶层对象建立】命令，将品牌图标放置在包装盒上，如图10-38所示。

图10-36　绘制图形　　　　　图10-37　效果展示　　　图10-38　将品牌图标放置在包装盒上

4．设计包装色彩和图案

STEP 01 在"'谷香米饼'包装盒立体效果"文件中，使用"选择工具" 选择包装盒的面，更改正面两个图形的渐变颜色为"#F3F0D9""#ECE9A2"，更改侧面的渐变颜色为"#EAE28F""#BDA571"，为包装赋予淡黄色色彩，效果如图10-39所示。

STEP 02 参考米饼形状，使用"圆角矩形工具" 绘制圆角矩形，设置填充色为"#BB6F29"，旋转一定角度。复制圆角矩形，向上调整位置，设置填充色为"#E7B877"。

STEP 03 框选两个圆角矩形，按【Ctrl+G】组合键组合为米饼图形。打开"色板"面板，将米饼图形拖曳到面板中，在面板中的米饼图形处双击鼠标左键，在打开的对话框中设置图形拼贴方式为"网格"。

STEP 04 使用"选择工具" 选择包装盒的面，原位复制正面，然后在"色板"面板中的米饼图形处单击鼠标左键，进行图案填充，完成包装图案的设计，如图10-40所示。

图10-39　更改渐变颜色　　　　　　　　图10-40　完成包装图案的设计

5．添加产品信息

STEP 01 新建尺寸为"68mm×145mm"、名称为"'谷香米饼'产品信息"的文件，根据"'谷香米饼'产品信息.txt"文档输入产品信息，设置文字属性为"思源黑体 CN Medium、8pt、#000000"，将"营养成分表"字体大小放大到"12pt"，在"字符"面板中设置行距为"13.5"。

STEP 02 将文本移动到中间，绘制圆角矩形装饰文字，在顶部添加"'谷香米饼'品牌图案"文件中的元素，在"GU XIANG MI BING"文字下方添加圆角矩形，在底部绘制条码、扔垃圾、循环利用图标，如图10-41所示。框选产品信息，按【Ctrl+G】组合键组合，按【Ctrl+C】组合键复制，切换到"'谷香米饼'包装盒立体效果.ai"文件中，按【Ctrl+V】组合键粘贴。

STEP 03 在包装盒放置产品信息区域绘制的与区域形状一致的图形，同时选择图形和产品信息，然后选择【对象】/【封套扭曲】/【用顶层对象建立】命令，将产品信息放置到包装盒上，如图10-42所示。

STEP 04 复制"'谷香米饼'产品信息"文件中的产品信息，切换到"'谷香米饼'包装盒平面图"文件中，按【Ctrl+V】组合键粘贴，调整大小，放置到包装盒侧面，再复制一份，放置到其他侧面上。

STEP 05 设置盒模型轮廓图形的填充色为"#ECE9A2"，在盒模型轮廓图形的两个正面添加包装品牌图标，调整大小和位置，将孔洞图形填充成与背景一样的颜色，形成镂空质感，效果如图10-43所示。保存文件，完成本例的制作。

图 10-41　绘制图标

图 10-42　放置产品信息

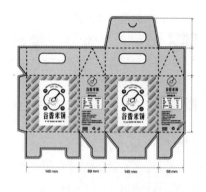

图 10-43　包装盒模型图效果

10.4

UI设计——"生鲜配送"App界面

10.4.1　案例背景

　　"生鲜配送"App是一款主要对周边社区进行外卖配送的软件。为提高用户对该App的使用感，我们需要重新设计首页、购物车和个人中心页面，包括界面布局、字体搭配、颜色搭配、图标与按钮的绘制。要求主题色为绿色，界面风格舒适、清新，适宜长时间使用，耐看且不会使用户产生视觉疲劳。

　　优秀的 UI 设计是没有痕迹的，用户可以只关注自己的目的，而不是 UI 界面，因此提高用户体验视觉是 UI 设计的最终目的。在进行 UI 设计时，首先需要遵循一些基本原则，如界面清晰、布局合理、便于操作，避免界面元素过于繁杂，影响注意力。其次需要界面过渡自然，界面的交互都是关联的，如果功能相同或相近，那么界面元素理应具有一致性，如果功能不同，界面元素也要区别开来。

10.4.2　案例要求

　　为更好地完成本例"生鲜配送"App界面，制作时需要遵循以下要求。

　　（1）布局规范。本例提供了"生鲜配送"App界面原型图，App界面图片沿用的是AI文件原型图中的图片，为避免图片丢失，可考虑将图片素材打包，然后分析原型图的页面布局，重新设计规范模块的位置和大小，使页面布局更加简洁、美观、合理，从而帮助用户更容易、更快地理解界面操作。例如，本例对"个人中心页"页头模块进行加高、弧线处理，将收藏夹、红包和卡券、余额设计成图标合并到页头进行展示，然后绘制水果图标以装饰页头。

（2）颜色规范。色彩是绝大多数设计中最显著的视觉元素之一，用户对不同的色彩有着不同的感受和体验。本例为生鲜类界面，考虑在界面中采用饱和度较高且偏黄的绿色作为界面的主色调，给用户带来绿色健康、新鲜、清新的视觉感受。此外，设计中色彩从来都不是越多越好。本例在设计配色方案时，采用不同深浅的几种绿色进行搭配，使界面在色彩的运用上保持高度一致，可用红色点缀界面，活跃界面氛围。

（3）字体、按钮与图标规范。为便于阅读，本例采用了"思源黑体"为主要字体，重要信息采用较深的灰色，次要信息采用浅灰色。为保持界面的统一性，将主色调用于文本、图标、按钮等元素中，界面主题外的内容使用浅灰色进行弱化。如底部Tab栏图标的设计，当前页图标为主题色，其他页图标为浅灰色。在设计界面时，为保持简洁性，应避免过多使用按钮、图标来填充界面，并且图标和按钮的含义明确，若外观为按钮，那么它就应该具备按钮的功能。

（4）注重细节。细节直接关系着用户流量的高低。在进行界面设计时，图标、按钮、图片等元素尽量不出现瑕疵，并且元素的大小、对齐与分布要统一，让界面更加精美。

本例完成后的参考效果如图10-44所示。

素材位置：素材\第10章\"生鲜配送"App界面原图.ai

效果位置：效果\第10章\"生鲜配送"App界面.ai

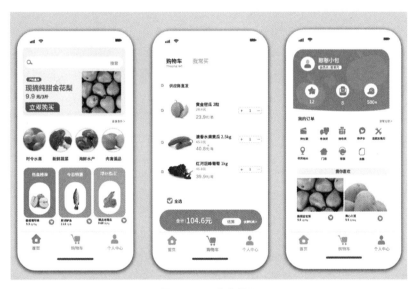

高清彩图

图10-44　参考效果

10.4.3　制作思路

本案例的制作主要分为4个部分，其具体制作思路如下。

1. 界面布局与配色

STEP 01 打开"'生鲜配送'App界面原图.ai"文件，如图10-45所示。分析页面内容以及优化界面布局和界面配色方案。

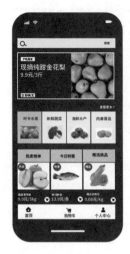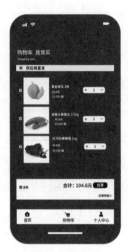

视频教学：
制作"生鲜配送"
App 界面

图 10-45 "生鲜配送"App 界面原图

STEP 02 确定配色方案，此处采用不同深浅的绿色来搭配画板，包括"#E1EACA""#F5F8E9"
"#98B552""#B4C05F""#B9CC5D"。绘制与画板相同大小的矩形，设置填充色为
"#E1EACA"，按【Ctrl+Shitf+[】组合键将其置于底层作为背景使用。

STEP 03 复制手机图形，将其填充色更改为"#FFFFFF"，将手机轮廓上的网络图标、充电图
标、信号图标等图形更改为"#666666"。选择手机图形，然后选择【效果】/【风格化】/【投影】命
令，打开"投影"对话框，设置投影参数，单击 确定 按钮，为手机轮廓添加投影效果。

STEP 04 在手机图形中绘制矩形，根据内容对界面进行重新布局，规范页头、分类、底部Tab栏等
模块的高度。

STEP 05 设置首页"页头"模块的填充色为"#F5F8E9"、"热卖榜单"模块的填充色为"#98B552"、
"今日特惠"模块的填充色为"#B4C05F"、"精选商品"模块的填充色为"#B9CC5D"、"结算"模
块的填充色为"#98B552"，设置个人中心页"页头"模块的填充色为"#98B552"，将这些模块的直角
编辑成圆角。完成界面的布局与配色，如图10-46所示。

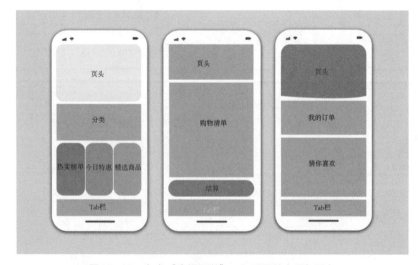

图 10-46 完成"生鲜配送"App 界面的布局与配色

2. 首页制作

STEP 01 在首页页头区域添加"生鲜配送"App界面原图中的搜索区域内容，然后将搜索图标的颜色更改为"#97B652"，将搜索框更改为圆角，将"搜索"文字属性更改为"思源黑体CN Medium、6 pt、#BCBBBA"。

STEP 02 排版海报文本，使用"方正兰亭粗黑简体"和"思源黑体 CN Medium"字体进行搭配，将主题文本放大，设置文本颜色为"#569B36"，将价格文本颜色设置为"#D36045"，将"元/3斤"文本颜色设置为"#595757"，调整字体大小，"产地直发""立即购买"按钮的底纹形状更改为部分圆角和圆角，依次设置填充色为"#569B36""#D36045"，增加"立即购买"按钮的大小。

STEP 03 添加原海报图片，在其上绘制矩形。同时选择海报图片和圆角矩形，在其上单击鼠标右键，在弹出的快捷菜单中选择"建立剪切蒙版"命令，将图片四角的直角设置成圆角。完成首页页头的制作，效果如图10-47所示。

图 10-47 完成首页页头的制作

STEP 04 使用与步骤03相同的方法为分类模块的图片创建圆形蒙版，设置圆形描边色为"#DEE7C8"，调整描边粗细。选择各类图标，然后选择【窗口】/【对齐】命令，打开"对齐"面板，单击"水平居中分布"按钮进行分布。

STEP 05 添加分类文本，设置文字属性为"思源黑体 CN Medium、6 pt、#595757"。继续使用水平居中分布文本，将"查看更多＞"文本颜色更改为浅灰色"#BCBBBA"。完成首页分类模块的制作，如图10-48所示。

图 10-48 完成首页分类模块的制作

STEP 06 在热卖榜单、今日特惠、精选商品模块上方输入对应模块文本，设置文字属性为"思源黑体 CN Medium、6pt、#FFFFFF"，添加相同大小的白色圆角矩形，并添加原图到圆角矩形中，调整大小、位置和角度，使其显示更加美观。

STEP 07 在模块下方输入对应图片商品名称和价格信息，应用"#98B552"颜色对价格单位文本进行排版，接着在其后添加原图的购物车图标，将图标的圆的颜色更改为"#98B552"，如图10-49所示。

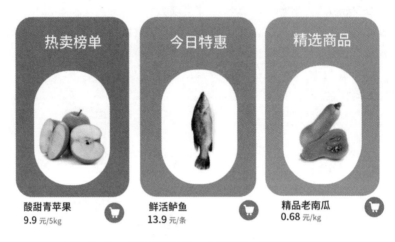

图10-49　制作热卖榜单、今日特惠、限时购买模块

STEP 08 在Tab栏上侧绘制矩形条，设置填充色为"#F5F8E9"，用于分割版面。调整Tab栏图标为统一大小，将首页图标和文本颜色更改为主色调"#97B652"，以起到强调的作用。将其他图标填充色和文本颜色更改为浅灰色"#BCBBBA"，以起到弱化的作用，如图10-50所示。保存文件，完成首页界面的制作。

图10-50　制作底部Tab栏

3. "购物车"界面制作

STEP 01 制作"购物车"界面时，底部Tab栏可复制首页界面的Tab栏区域，将主题色应用到"购物车"文本和图标颜色上，文本字体、颜色和字体大小可参考首页设置。

STEP 02 应用主题色（#98B552）、白色（#FFFFFF）和灰色（#A8A7A7）对该页界面中的按钮进行设计，包括选择按钮、购物数量按钮、结算按钮等，效果如图10-51所示。

图10-51　按钮设计

STEP 03 在页头输入文本，适当增大文本字体，将"购物车"文本颜色设置为"#98B552"，将其他文本颜色设置为"#BCBBBA"，以起到弱化的作用，如图10-52所示。

STEP 04 添加原图图片和商品信息，以及前面绘制的选择按钮、购物数量按钮来修改购物清单模块，这里需要利用"字符"面板更改字体大小、文本颜色，对商品信息进行排版，效果如图10-53所示。

图10-52 文本调整

图10-53 效果展示

STEP 05 按照与步骤04相同的方法对剩余原图图片和商品信息进行排版。单击需要右对齐的数量按钮，选择【对象】/【对齐】/【水平右对齐】命令进行对齐；单击需要左对齐的文本或选择按钮，选择【对象】/【对齐】/【水平左对齐】命令进行左对齐。保存文件，完成购物车界面的制作。

4. "个人中心"界面制作

STEP 01 制作"个人中心"界面时，底部Tab栏可复制首页界面的Tab栏区域，将主题色应用到"个人中心"文本和图标颜色上，设置文本字体、颜色和字体大小可参考首页设置。使用"钢笔工具" 在页头绘制水果图，设置填充色为"#B4C15E"。

STEP 02 更改用户头像配色为"#FFFFFF""#BCC960""#97B652"，更改昵称和会员名文本颜色为"#FFFFFF""#97B652"，在会员名下层绘制填充色为"#FFFFFF"的圆角矩形。

STEP 03 使用"钢笔工具" 绘制"收藏夹""红包卡券""我的余额"图标，设置填充色为"#97B652"，接着输入文字，然后在图标下层添加填充色为"#FFFFFF"的圆，均匀放置到页头。完成页头的制作，如图10-54所示。

图10-54 完成页头的制作

STEP 04 添加原图中"我的订单"相关文本和图标到"我的订单"模块中，将"我的订单"文本字体大小设置为"6pt"、图标文本字体大小设置为"4pt"，将"查看全部 >"文本颜色更改为"#BCBBBA"，将字体大小设置为"4pt"，以起到弱化的作用。

STEP 05 将图标颜色更改为"#97B652"，选择全部图标，然后选择【窗口】/【对齐】命令，打开"对齐"面板，单击"水平居中分布"按钮 进行分布，完成"我的订单"模块制作，如图10-55所示。

STEP 06 添加原图中"猜你喜欢"相关文本和图标到"猜你喜欢"模块中，在"猜你喜欢"文本下方绘制圆角矩形，设置填充色为"#F5F8E9"。选择图片，在控制栏中单击"裁剪图像"按钮，缩小图片的高度。图片下方"商品信息"和购物车图标的排版参考首页"热卖榜单"模块设置，完成"猜你喜欢"模块的制作，如图10-56所示。完成本例的制作，保存文件。

图 10-55 完成 "我的订单" 模块制作

图 10-56 完成 "猜你喜欢" 模块的制作

10.5 课后练习

练习 1 制作"萌宠生活馆"海报

某"萌宠生活馆"店铺需要制作海报，用于向消费者宣传寄养服务，包括进口零食、科学喂养、实施齐全、专业场地等优势，以及寄养价格100元一天、联系电话028-×××8901、寄养宠物需提前预约等信息。要求为海报设计温馨、美观的视觉效果，主题鲜明，传达信息明确。制作时可利用蓝色和黄色形成对比色，添加宠物素材，对"萌宠生活馆"文本进行造型设计，加入狗爪、骨头等装饰元素。本练习完成后的参考效果如图10-57所示。

素材位置： 素材\第10章\狗.png

效果位置： 效果\第10章\"萌宠生活馆"海报.ai

高清彩图

图 10-57 "萌宠生活馆" 海报

练习 2 制作"柠檬水"饮料包装效果

某企业要为"柠檬水"饮料商品重新设计插画系列的包装。制作时可以易拉罐为原型，绘制白色易拉罐图形，利用投影、渐变、高光、背景来打造白色易拉罐的立体效果，然后以柠檬为原型进行低饱和度、复古风插画的绘制。为丰富插画视觉，我们可将切开的柠檬和白色小花、树叶等元素加入包装的插画中。本练习完成后的参考效果如图10-58所示。

效果位置: 效果\第10章\"柠檬水"饮料包装.ai

高清彩图

图 10-58 "柠檬水"饮料包装

练习 **3** 制作"运动手环"电商 UI 界面

某电商App需要为某运动手环设计商品展示页、购物车页和购买页,用于提升该手环的销量。要求根据提供的UI界面原图的内容,重新排版设计,使界面简洁美观、色彩搭配鲜明、信息主题明确。制作时可以先利用红色、浅黄色和深蓝色进行界面色彩的搭配,然后加宽、加高Tab栏,并对其造型进行设计,进而重新挑选色彩,接着为商品展示页手环图像添加立体倒影效果,扩大展示范围。将购物车页的图片矢量化,制作成简洁的图标,将信息展示方式更改为竖向,最后设计购买页的色彩搭配。本练习完成后的参考效果如图10-59所示。

素材位置: 素材\第10章\"运动手环"电商UI界面 .ai、电商图片\

效果位置: 效果\第10章\"运动手环"电商UI界面.ai

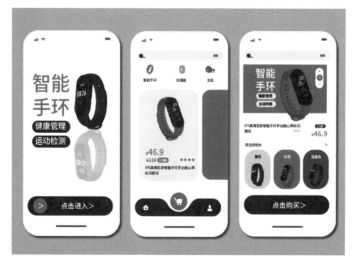

高清彩图

图 10-59 "运动手环"电商 UI 界面

拓展案例

▶ 广告设计

 宣传广告

 直通车广告

 产品促销广告

 活动广告

▶ 包装制作

 饼干包装

 儿童电蚊香液包装

 米糕包装

 月饼包装

▶ 宣传册制作

 汽车宣传册

 家居宣传册

 农产品宣传册

 旅游宣传册

▶ 插画设计

 风景插画

 卡通插画

 写实插画

 商业插画

▶ UI设计

 网站界面

 App 界面

 App 图标

 企业标志